安全衛生管理概論

—— 實驗室安全衛生管理指引

毒性物質
POISON
6

爆炸物
EXPLOSIVE
**
1

易燃液體
FLAMMABLE
LIQEID
3

陳俊瑜　主編

周瑞芝　賴啟中　王德修　編著

三民書局

國家圖書館出版品預行編目資料

安全衛生管理概論：實驗室安全衛生
管理指引／陳俊瑜主編,周瑞芝,賴
啓中,王德修編著.--初版.--臺北
市：三民,民88
　　面；　　公分
含參考書目
ISBN 957-14-2926-0（平裝）

1.實驗室-管理

303.4　　　　　　　　　　87016971

網際網路位址　http://www.sanmin.com.tw

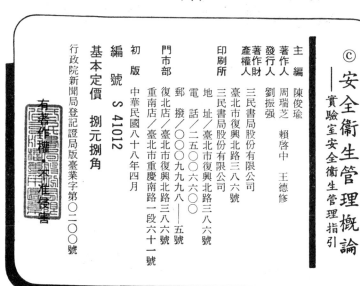

© 安全衛生管理概論
——實驗室安全衛生管理指引

主　　編　陳俊瑜
著 作 人　周瑞芝　賴啓中　王德修
發 行 人　劉振強
著作財
產權人　三民書局股份有限公司
　　　　　臺北市復興北路三八六號
印刷所　三民書局股份有限公司
　　　　　地址／臺北市復興北路三八六號
　　　　　電話／二五○○六六○○
　　　　　郵撥／○○○九九九八——五號
門市部　復北店／臺北市復興北路三八六號
　　　　　重南店／臺北市重慶南路一段六十一號
初　　版　中華民國八十八年四月
編　　號　S 41012
基本定價　捌元捌角
行政院新聞局登記證局版臺業字第○二○○號

有著作權‧不准侵害

ISBN 957-14-2926-0（平裝）

陳　序

　　勞工安全衛生法於民國八十年五月十七日修正公布，將適用範圍由原來五種行業擴大適用為十四種行業，並逐年公告指定適用勞工安全衛生法及適用部分工作場所之事業。行政院勞工委員會即於八十二年十二月二十日公告指定大專院校之實驗室、試驗室、實習工場或試驗工場適用勞工安全衛生法，並舉辦多次宣導及教育訓練活動，期使各大專院校重視安全衛生管理，改善安全衛生設施，減少職業災害的發生。爾來發生數起校園工安事故，引起社會大眾的重視，行政院勞工委員會遂於八十六年度首次規劃實施「大專院校之實驗室、試驗室、實習工場或試驗工場檢查計畫」，選列二十四所大專院校實施初、複查，檢查結果顯示各校對安全衛生法令大多不甚了解，安全衛生工作仍有待加強與落實。大專院校為學術之殿堂，若能率先做好安全衛生工作，必能帶動其他事業單位提昇安全衛生之共識。

　　陳教授俊瑜從事工安工作多年，理論與實務皆相當扎實，本書以學術的理念，配合實務之運用，為針對學校實驗室安全衛生管理所出版的第一本書，涵蓋之內容周延，足供學校行政主管、學生及學校或事業單位之實驗室技術、管理人員等，作為推動或從事安全衛生工作之指引與參考，使正確之安全衛生觀念能深入校園，除維護學校勞工及學生之安全與健康外，並培養學生畢業後進入職場所應具備之安全衛生常識及習慣。希望各大專院校能大力推動安全衛生管理，不僅是為符合法令的要求，也能在工作中賦予更多的生命尊重與人文關懷。

行政院勞工委員會勞工檢查處　處長

陳伸賢　謹識

蘇　序

　　由於科技發展的需求，使得包含實驗及實習內容之科學教育在各級教育中愈形普遍，愈益受到重視，校園中實驗室及實習工廠之安全衛生問題，乃成為各級學校環境中，必須積極面對處理之重點。

　　行政院勞工委員會自八十二年開始，已正式將學校納入安全衛生法適用範圍。而本部身為所有教育單位之主管機構，亦責無旁貸地進行安全衛生教育相關之研究，資訊收集及宣導與訓練工作。除了在行政規劃上，致力推動校園安全衛生管理外，自民國八十五年以來，亦陸續舉辦過多場校園及實驗室安全衛生輔導觀摩會，並在各項教育主管會議中說明有關校園安全衛生管理之必要性，期望透過大專校院自主性的實驗室安全衛生管理，推及至學生之教育，潛移默化使學生具備相關職場安全衛生知識及行為規範，以降低職業災害的發生。

　　陳教授俊瑜執行安衛工作多年，具豐富之教學及實務經驗，並熱心參與本部之相關輔導計畫。而本書結合理論與實務，包括人員組織編組、危害通識、毒化物管理、危險性機械設備管理、緊急應變、教育訓練等，誠如本書主旨，可作為學校主管、管理人員執行實驗室安全衛生管理之指引，亦可作為學生安衛教育之參考。

　　值本書出版之際，承陳教授雅意，奉邀贅言，除再次感謝陳教授之盛情，更期盼安全衛生教育能於生活訓練中紮根，並在學習與工作中培養愛惜自己及尊重他人的胸懷。

教育部環境保護小組　執行祕書

蘇慧貞　謹識

安全衛生管理概論
——實驗室安全衛生管理指引

目　次

第五章　實驗室毒性化學物質管理

第六章　危險性機械設備管理

第七章　電氣設備安全管理

第八章　實驗室災害緊急應變措施

第九章　實驗室人員安全衛生之教育訓練

附錄　　A

附錄　　B

附錄　　C

第一章　前言

　　實驗室安全衛生早期的發展，較偏重於有形的管理，如安全鏡、實驗衣穿戴、實驗室安全衛生守則的訂定與執行、緊急應變演練等，但由於化學品本身及相關實驗過程潛在的危害性，這種消極的管理方式，實無法有效消除災害的發生。因此如何有效管理實驗室安全衛生工作，實為一重要的課題。

　　隨著科技的進步，及任何化學災害所可能造成的傷害，現代化實驗室的管理必須強調**本質安全 (Inherent Safety)**。**本質安全的實驗文化，除藉加強各項安全措施之消極式擴充外，更應教導人員基本安全的認知及安全教育訓練課程落實的積極作為，使實驗室安全管理為一全方位的工作，以期使不安全環境及不安全動作的因素清除**。本章將分別從實驗室災害特性與安全衛生管理及實驗室人員的安全衛生基本信念等方式，說明實驗室安全衛生及其未來管理工作所面臨之衝擊。

1–1　實驗室災害特性與安全衛生管理

　　一般人對安全的認知，多半是由經驗而來，早期的化學工業安全也不例外，因此安全規則或注意事項，成為實驗室操作重要的依據。

　　然而由於**人為疏忽**或**實驗安全設計考量的不足，實驗室化學災害仍不斷的發生**，常見的化學災害約可分為火災、爆炸與毒性物質外洩三類，而美國芝加哥 M&M[1]顧問公司化學災害財物損失調查報告顯示，針對一般化工廠為例，災害發生可能性最高的為火災、爆炸次之，而以毒性物質外洩發生次數最低，但是毒性物質外洩卻是最易導致人員的傷亡，而爆炸所造成的財物損失卻最為嚴重。

　　實驗室化學災害發生狀況亦可參考此項報告結果作為預防措

施依據。而分析其原因歸納主要有機械故障、操作不當、不穩定操作、天災、設計錯誤、人為因素等，除了天災，其他的因素皆與人為疏忽有關，由此充分顯示了實驗室安全管理的重要性。

安全管理的要件為實驗室人員對**實驗室安全基本的認知，安全設計能力與經驗，學校研究機構單位對其實驗室安全的重視與貫徹實驗室安全衛生的決心。**實驗室安全基本認知是了解化學物質的危害性與其實驗過程中物質輸送現象之間的關連性，及操作或維修時所應具備判斷其安全性的技術能力。

但是一個單位主事者對實驗室安全的重視程度卻是決定安全管理成敗的主要因素，**成功的安全文化是每一位實驗工作者確切體認安全是大家共同的責任，而防患於未然則是杜絕實驗室災害發生的最有效的方法。**

1-2　實驗室人員的安全衛生基本信念

清潔而舒適安全的環境，不但是從事實驗室人員所追求的一個理想，而且也是維護人員健康及生命財產的必要條件。但隨著現代科技發展的結果，實驗室各種潛在危險因素具有其變異性，時時刻刻有潛在傷害、火災、爆炸或中毒危害等危險。實驗室中各項操作，應養成正確的操作管理習慣，以降低事故之發生並且維護人員健康及安全。

但由於學校及學術研究機構內，各個單位皆獨立進行研究及教學之工作，故久而久之，自然養成各自不同的想法或作法，但為有效推行實驗室的安全衛生與環保措施，則必須有賴各單位人員的合作配合與支持，故此一**基本共識之建立**，實為實施**實驗室安全衛生環保管理成功的先決條件**，所以每位實驗室人員皆需先認同以注重安全、健康及環境保護為己任的基本信念。

1-3 實驗室未來安全衛生管理工作的衝擊

安全衛生知識、技能隨著時代之多元化日新月異，不斷的進步，新的機械、設備、化學物質的發明，未來要因應多元化的問題是值得我們投入更多心思去探討。

安全衛生的工作是持續性的工作，零災害的觀念是一種理想，事實上安全只是危險的反面，世上原本沒有所謂絕對安全，只有危險程度的高低，而安全的定義就是危險程度低到我們可以接受的範圍。如何降低危害實驗人員之危險因子，在單位主管方面，要重視安全衛生工作及勞動條件之提升，在實驗人員方面，要了解生命的安全重要性，並加強各種相關法規之訂定並落實實驗室自動檢查制度。未來管理工作所面臨的衝擊，有以下各項[2]:

一、安全衛生管理國際化趨勢

英國國家標準局完成之「安全衛生管理系統指南」草案BS8750預測也將於未來納入國際標準組織的規範中。對於 BS8750目前尚處於指導要點草案的階段，勞委會於八十五年十一月二十三日發布之「事業單位安全衛生自護制度實施要點」，即可作為BS8750 的先期標準，未來將適時整合資訊，並強化業者投入安全衛生工作誘因，以逐步達成國際認定的標準，此標準的最終目的即期望健全的安全衛生管理體系，與相關的管理相互聚合，成為單位文化的一部份，以達到預防職業傷害及疾病的發生，並改善事業單位的形象。

二、預防重於治療的工作理念

未來安全衛生工作推動的方向則著重於事前防範措施，也就是事業單位在工作場所規劃設計之初，即將安全衛生相關事項納入規範之中，對於潛在的危害因子事先予以確認並提出管理及防範措施以預防災害發生。尤其隨著科技及經濟的快速成長，事業單位各實驗室或實習工廠之物料、設備、及技術日趨複雜，使實驗人員暴露於潛在危害環境的機會亦隨之增加，使災害的事前防範工作更顯得格外重要。

三、重視整體系統安全之觀念建立

某單位之機械發生事故時，均只針對機械發生事故之原因去調查，把災害原因單獨分開考量，予人「頭痛醫頭，腳痛醫腳」之感，鮮少從整體系統安全方面進行分析，事實上許多事故之發生，均是整體系統互相影響引起，如壓力容器爆炸，可能係其上游系統之溫度、壓力異常所造成，故應有整體系統安全之觀念。所謂「整體系統安全」，係就風險認知、風險評估、風險控制等之整體觀，以工程或管理手段來控制風險，對可能發生災害之原因加以科學化、系統化之認知、分析、評估，並擬定控制對策，在經濟上、技術上找出可行之方法求得最佳解決方式或相關替代方案，掌握不確定因素，以防止或降低災害發生。

四、推廣保險檢查制度與安全衛生結合

重視安全才會有安全，輕視安全就會有危險，而風險是可以透過工程或非工程手段予以控制或避免的。對於災害嚴重性高或較為專門性技術之機械設備均可以透過保險檢查方式來彌補無法

掌握之風險。所謂「保險檢查」係由保險公司對於機械設備作定期檢查，提供操作管理加強安全防護措施之建議，著重安全檢查及災害事故之防止。保險與安全衛生管理工作相結合，如能有效推廣，將可舒解人員自動檢查之壓力與安全衛生工作之負荷。

　　學校事業單位安全衛生管理工作要達到零災害，無爭議境界，是需要而不停、不斷的持續地努力，尤其是安全衛生之機械設備、化學物質、製程、使用及操作方法日新月異，其危險性應如何利用分析檢驗的方式找出及進一步控制等問題是未來我們應去了解克服的。因此，面對未來衝擊挑戰，更必須在觀念上、作法上有創新突破，方能未雨綢繆，確實達到防範災害發生，以確保實驗室人員生命安全及健康。

1–4　目　標

　　現代化科技發展迅速，學校研究機構實驗人員扮演著極重要的角色，但實驗室化學災害發生頻率有偏高的趨勢。故教育部環保小組有鑑於此，曾委託學校進行相關資料收集及編撰成學校實驗環保安衛手冊且分送各校，深獲好評，唯事隔數年各項資料及相關法令均有加以修正更新之需要，並且行政院勞工委員會已將教育學術機構之實驗室納入「勞工安全衛生法」之適用範圍，故擬透過 **有形安全衛生法規教育執行，並配合化學品有效管理、化學品危害分類、化學品危害通識制度建立，及毒性化學物質有效管理**，以期使能做事前防治污染物的進入作業環境危害人體健康。另外，**對危險性機械設備與電氣設備危害成因及防護措施有效管理加以介紹，以期使不安全動作及因素消除，降低實驗室物理性危害發生機率**。最後透過個人防護及操作安全教育訓練及落實，和災害緊急應變計畫制定演練，以期降低實驗室緊急災害發

生機率。故基於以上目標而編撰成一完整且符合法令規範的實驗
室安全衛生管理手冊，以供參考使用。

參考文獻

1. D. A. Crowl and J. F. Louvar, *Chemical Process Safety: Fundamentals with Application*, Prentice Hall, Englewood Cliffs, New Jersey (1990)。

2. 陳伸賢，《未來勞工安全衛生工作所面臨的衝擊》，行政院勞工委員會檢查處 (1996)。

第二章　實驗室安全衛生組織

2-1　安全衛生法規體系

　　政府為了防止職業災害，保障勞工安全與健康，特制訂了勞工安全衛生法，藉著法規之強制性，有效落實各種基本安全措施，防止意外災害，以確保勞工的權益。於民國六十三年四月十六日總統公佈實施，並於八十年五月十七日修正完成，不僅在內容上較修正前增加很多，其適用範圍由原先的礦業及土石採取業、製造業、營造業、水電煤氣業、交通運輸業，擴大為農、林、漁牧業、餐旅業、機械設備租賃業、環境衛生服務業、大眾傳播業、醫療保健服務業、修理服務業、洗染業及國防事業等十四大行業，對於學術單位實驗室之管理，勞委會更於民國八十五年二月十四日公告，將政府機構、顧問服務機構之實驗室、實習工場或試驗工場等，亦納入勞安法之適用範圍。有鑑於此，實驗室工作者，必須對勞工安全衛生法有個認識。

　　勞工安全衛生法。內容共四十條，分為總則、安全衛生設施、安全衛生管理、監督與檢查、罰則及附則共六章，其內容要點如附表 B2-1。施行勞工安全衛生各要項之各種規則、標準、準則及實施要點均依本法衍生制訂，其體系如附表 B2-2。

2-2　組織及人員編組

　　依據勞工安全衛生法，第十四條規定，為了確保實驗室的安全與衛生，就需要有完善的管理，因為安全衛生設施無論多麼完備，操作設備的仍然是人，而安全衛生管理就是利用法令、教育、訓練、督導、溝通及激勵等方式來控制人的因素，因此，安

全衛生工程技術固然重要，安全衛生管理更為重要。

良好的管理基礎是建立在健全的組織上。有了分層負責的組織及妥善完備的管理，才能使學生及相關研究人員在平時享有安全衛生的實驗環境，意外發生時做出明確的應變措施。所以，我們要制訂明確的組織架構，才能使相關工作人員有清楚的權限與負責的範圍，而因有分層負責的組織，不論在安全守則的訂定，安全衛生的教育訓練，定期或不定期實施巡視，檢點或定期自動檢查，意外事故的預防以及緊急事故的應變計劃等，不同層級的管理人員都能就各自負責的範圍做到完善的管理及適時、適當、適切的處置措施。

在此各機構其實驗室規模分成三類分述如下[1, 2]：

2-2-1　大型研發機構

大型研發機構如政府機關的中研院、中科院等，此類研發機構因實驗室及研究人員眾多，且人員的流動性低，故應於機構內設置安全衛生管理單位。而安全衛生管理單位所負責任重大，故其應為事業單位內之一級單位，以提高其地位，並負責統籌規劃機構內之安全衛生管理政策及對下級單位之督導。各機構內之一級單位亦設置安全衛生組，以執行單位內之安全衛生工作。而各級安全衛生管理單位應依行政院勞工委員會所頒布之「勞工安全衛生組織管理及自動檢查辦法」，按其雇用之人員數及事業性質設置專職且具資格之管理人員。

各機構應成立安全衛生委員會。安全衛生委員會係單位內從事諮詢研究之集議式安全衛生組織，研議、協調及建議單位內安全衛生有關之事務。依勞工安全衛生組織管理及自動檢查辦法第十一條規定，凡屬應設置勞工安全衛生管理單位之事業單位，

即應同時設置勞工安全衛生委員會。委員人數規定下限為七人，上限則未規定，由單位視其規模及實際情形自行決定。故於此類大型研發機構內之安全衛生委員會，應由各級單位主管為主任委員，管理會務，並視該單位之實際需要，指定下列人員組成：

　　1.各一級單位主管。

　　2.安全衛生之專職人員。

　　3.與安全衛生有關之工程技術人員。

　　4.醫護人員。

　　5.佔委員會人數三分之一以上之工會或勞工代表。

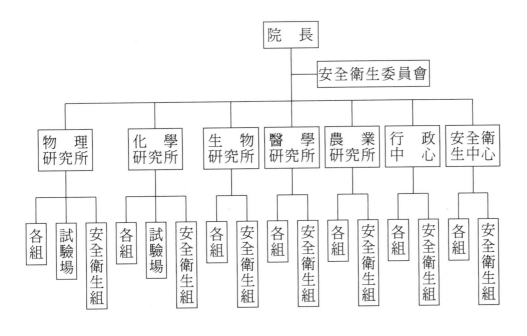

圖 2-1　典型之大型研發機構安全衛生組織體系圖

　　委員任期兩年，每三個月召集會議一次，必要時得召開臨時會，研議單位內安全衛生有關規定、安全衛生教育實施計劃、防止工業危害、作業環境測定結果應採取之對策及健康管理等事項。圖 2-1 為典型之大型研發機構之安全衛生組織體系圖[1]。

2-2-2 學術及訓練機構

在學術及訓練機構中，由於進出實驗室之學生及人員動輒百人，且此等流動人口往往對實驗室的安全衛生一無所知，因此，發生意外的機會相對提高，所以更需建立環保安全衛生組織，藉此加以規範管理其產生之廢污及提供實驗室內之安全衛生環境，同時，也可藉由受此訓練管理的學生進入社會服務後，能將此一注重安全衛生環保的觀念帶入產業界，提高其安全衛生環保意識。

對大專院校而言，校內應設置安全衛生委員會，以校長為主任委員，委員人數視學校規模而由下列人員組成：

1.校長、院長或學校負責人。

2.各科、系所主管人員。

3.學校保健室醫護人員。

4.實驗室負責老師及安全衛生管理專責人員。

5.各系所之技術人員。

6.學生選舉之代表。

7.其他（如學校修繕單位）。

各委員任期二年，委員會於每三個月召集會議一次，必要時得召開臨時會議，討論及議決校內及實驗室之安全衛生環保政策及執行方針。其組織結構可參考管理組織圖 2-2[3]。

安全衛生委員會下設立一級單位之安全衛生室，其業務主管可由校內現有編制之一級主管兼任，並設置勞工安全衛生管理員數名共同組成。

因實驗室均集中於理、工、農、醫等四個學院，故應於此四

個學院下之各科系分別設置安全衛生管理小組，各科系所亦應成立環保安全衛生管理小組，以各科系所主任為業務主管人員下設安全衛生負責人，由適用場所負責人遴選，而負責人以負責實際之操作維護及實驗室之安全衛生老師擔任之。

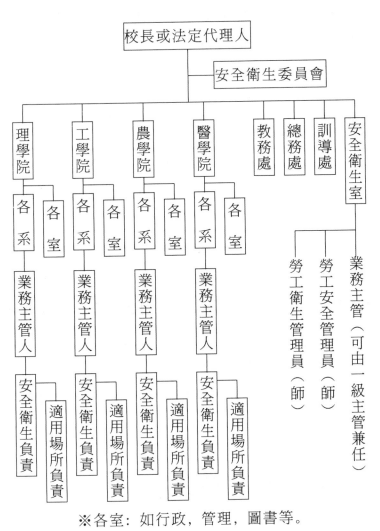

※各室: 如行政，管理，圖書等。

圖 2-2　大專院校之安全衛生組織體系圖

2-2-3　小型服務機構

　　近年來，因勞工安全衛生與環境保護意識高漲，各類民間檢驗公司如雨後春筍般不斷地成立，此類實驗室因規模較小、人員少，基於成本效益的關係，故無成立安全衛生管理單位之必要，但依勞工安全衛生組織管理及自動檢查辦法第四條規定，事業單位雇用勞工人數在三十人以上未滿一百人者，應置勞工安全衛生業務主管，但若未滿三十人，則得由事業經營負責人或其代理人擔任之。而依勞工安全衛生教育訓練規則第五條規定，勞工安全衛生業務主管須視其事業之規模而受甲、乙或丙種勞工安全衛生業務主管安全衛生教育。

　　至於安全衛生委員會的設置與否，現行勞工安全衛生法令中規定，對事業單位雇用勞工人數在一百人以上始須設置，但許多專家學者認為在規模較小的事業中，因缺乏安全衛生專業人才，需勞工自行集議，研究檢討本身安全衛生問題，故更有設置安全衛生委員會之必要。因此，規模較小之事業單位不應限於法令人數標準，可自行酌情設置勞工安全衛生委員會，集合全體勞工之力，共同推展安全衛生工作。

2-3　各級組織之職責

　　大專院校安全衛生組織及人員建立以後，應即分工合作，各盡職責，共同努力，發揮安全衛生管理之功能。將各安全衛生組織之職責區分為安全衛生委員會，安全衛生室，安全衛生小組，其職責分述如下[4]：

一、安全衛生委員會，其職責主要是扮演規劃各項安全衛生事宜

內容應包括：具諮詢、研議、協調及建議安全衛生有關業務之責。

二、安全衛生室

具規劃及辦理安全衛生業務之責，下設安全衛生業務主任、安全小組及衛生小組，推廣安全衛生業務。

三、安全衛生管理單位職責

各級安全衛生管理單位職責：

㈠安全衛生室業務主任之安全衛生職責

1.擬定本校安全衛生管理規章。
2.擬定本校安全衛生年度工作計劃。
3.推動及宣導各科安全衛生管理工作。
4.支援、協調各科安全衛生有關問題。
5.規劃安全衛生教育訓練工作。
6.規劃安全衛生自動檢查及作業環境測定工作。
7.其他有關安全事項。

㈡安全與衛生小組中之安全衛生管理人員其職責

1.擬定本校適用場所之防災計劃。
2.擬定本校適用場所之安全衛生工作守則。
3.辦理安全衛生教育訓練。

4.推動、實施安全衛生自動檢查及作業環境測定工作。

5.適用場所內發生職業災害之調查、分析及辦理職業災害統計。

6.職業病預防工作。

㈢各科系主任之安全衛生職責

1.指揮、監督該科安全衛生管理業務。

2.責成該科系安全衛生負責人辦理安全衛生室交付事項。

3.執行巡視、考核該科系安全衛生有關事項。

㈣各科系安全衛生負責人之安全衛生職責

1.辦理安全衛生室交付事項。

2.督導該科系相關適用場所負責人執行安全衛生管理工作。

3.推動、宣導該科系有關安全衛生規定事項。

4.辦理該科系主任交付之安全衛生相關工作。

㈤適用場所負責人之安全衛生權責

1.負責辦理管轄範圍內一切安全衛生事項之實施。

2.督導於該場所內之人員遵守安全衛生工作守則及相關安全衛生法令規章之規定。

3.定期檢查、檢點該場所內之環境、機械、儀器、設備之安全衛生狀況並作成記錄，發現有潛在安全衛生問題立即向上呈報。

4.督導所屬人員經常整理、整頓工作環境，保持清潔衛生。

5.負責消除管轄範圍內之危險因素或提供安全衛生之建議。

6.實施工作安全分析，安全講解與工作安全教導。

7.視工作需要請購適當之安全衛生防護具，並督導所屬人員

確實配戴。

8. 當該場所內立即發生危險之虞時應即要求該場所內人員停止作業、並退避至安全處所。

9. 管制人員進出該場所。

10. 事故發生時迅速向上呈報處理，並採取必要之急救與搶救。

11. 經常注意所屬人員之操作情形並糾正其不安全動作。

12. 經常注意所屬人員之健康情形。

13. 執行其他有關安全衛生事項。

㈥適用場所一般員工之安全衛生工作守則

1. 作業前確實檢點作業環境與設備，發生異常應立即調整或報告上級。

2. 作業中隨時遵守安全作業標準及安全衛生工作守則之規定並隨時注意維護作業環境整潔。

3. 依規定穿著或配戴必要之安全衛生防護具。

4. 接受必要之安全衛生教育訓練。

5. 積極參加安全衛生活動，並提出建議。

6. 接受定期健康檢查，並遵守檢查結果建議事項。

7. 遵守安全衛生有關法令規章及本校所頒定之各種安全衛生規定。

8. 工作中不得有嬉戲或妨礙秩序之行為。

9. 嚴禁用手觸摸機器之轉動部份。

10. 嚴禁從各種機具、設備上移除防護設備、標籤或標示。

11. 機器未完成停止前，不得裝卸零件或材料。

12. 勿使用不安全的工具及機械等設備。

13. 熟悉意外傷害之急救方法與程序。

14.有任何安全、衛生上之問題，隨時請教主管或安全衛生管理人員。

2-4   結   論

安全衛生管理為防止意外災害，保障實驗室工作人員安全與健康之重要工作，而安全衛生組織則關係其管理之成敗，因此，各型式之機構應建立健全之安全衛生組織體系，以奠定良好的管理基礎，同時，組織中各有關人員應克盡己職，將安全衛生工作推展到各實驗室，亦即必須建立起堅強之直線式安全衛生組織，使安全衛生工作現場化，才能真正防止意外災害，保障工作人員安全與健康的安全衛生管理目標。

問題討論

2-1 試述勞工安全衛生法適用範圍。

2-2 試述勞工安全衛生管理主管之職責。

2-3 您所服務之單位適用那些勞工安全衛生法規。

2-4 試述事業單位有那些資料應向主管機關報備。

2-5 試述事業經營單位必須重視安全衛生的原因及理由。

2-6 試依您所服務之單位繪出安全衛生管理組織體系圖。

參考文獻

1. 倪福成，《實驗室安全衛生之探討》，中山科學研究院 (1995)。

2. 《勞工安全衛生組織及管理》，行政院勞工委員會 (1995)。

3. 張錦輝，《勞工安全衛生組織及管理事項》，行政院勞工委員會 (1997)。

4. 《學校實驗室環保安衛手冊》，教育部環境保護小組 (1991)。

第三章 實驗室安全衛生管理

　　實驗室的安全衛生工作必需與研究、教學及分析技術等工作一樣重視加強。當採用不同的技術、化學藥品、設備儀器時，尤需特別加強討論，教導及訓練，必要時需請教這方面的專家學者。實驗室跟任何作業場所一樣，都有潛在的危害存在，不論是化學性的危害或生物性的危害，**如何控制及預防實驗室的危害，確保研究的進行，實驗室人員的安全衛生實為現今實驗室管理之主要課題。**

　　行政院勞工委員會，於**勞工安全衛生協調會報之第六次會議中決議，已將政府機關、顧問服務機構、教育機構、職業訓練機構之實驗室、試驗室、實習工場或試驗工場等納入「勞工安全衛生法」之適用範圍。**本章僅以實驗室在安全衛生管理應有的做法、實驗室危害的種類、實驗室安全與健康危害等級、及實驗室安全衛生硬體設施及人員安全衛生防護等內容主題，分別加以介紹。

3-1　實驗室危害種類

　　實驗室使用人員，供應商所具備實驗室安全衛生的管理知識，甚至大學教授亦不是每一個人皆了解實驗室內各種化學品、儀具之安全使用方法。事實上，在這科技文明爆發的時代裡，幾乎每天都有新技術、新產品的誕生，要了解這些新事物潛在危險，也不是一般人能力所及，故我們要有一個觀念「**以往的學校教育，以前的工作經驗，並不能保障目前實驗室工作的安全**」[1]。

　　為了**提昇實驗室過程的安全性，及危害評估技術的發展**有所突破，而且實驗室人員**基本安全的認知**也日漸重要，因此，本節將對危害的定義及實驗室危害種類作一說明。

　　危害 (Hazard) 指具有損害人類生命、健康、財產或環境能力的物理或化學特性[2]。而危害性物質 (Hazardous Substance) 泛指任何物質因其化學性質對人及環境構成危害。在實驗室中有許多地方存有潛在危害。這些危害包括：破瓶罐、破玻璃、刀具、切割工具、異物入眼、跌倒、背傷、電擊，以及不正常的舉重物導致疝氣等，其他危險物尚包括易燃物、腐蝕物、毒性化學物、放射性物質等。實驗室內危險性為顯而易見的，因此如何有效的安全預防措施是相當重要。依**危害特性**一般實驗室常見之危害**歸納為三大類**，分別說明如后[1]。

3–1–1　化學危害

　　化學危害 (Chemical Hazard) 則是由化學物質或化工製程，因火災、爆炸、毒性或腐蝕性所造成人體內外部之立即傷害或長期性病變。各類實驗室不論其目的是研發、製造或教育訓練各有不同，但使用化學品卻是不可避免的，縱使純光學之物理實驗，其各種光學鏡片的清潔還是需使用有機溶劑，其他化學、生物、環保、醫學等實驗室工作人員，更是成天與化學藥品為伍。因此化學危害是各類實驗室不可忽視的問題之一。

　　此外不同的實驗室其作業條件亦不相同，成員也不同。在教育訓練機構與研發機構的實驗室兩者最具代表性。前者**教育訓練機構**，其所用之化學品之化學性質，反應過程產生的結果均在控制下，**比較安全**，但作業人員是學生或短期受訓者，其**成員之經驗均不足**，所以**人員安全管理是重點**。至於**研發實驗室**所使用之**化學藥品其性質不易了解及掌握**，尤其是反應後之產物。而**此類作業人員**皆受過**專業訓練**，素質較高，所以**此類實驗室**在化學上的安全管理比人員安全來得重要。其**安全性考量**皆以作業人員是

否受過專業訓練及具有基本個人安全防護的概念為依據。

　　化學危害可分為六類：易燃性、不穩定性、反應性、腐蝕性、毒性及放射性等。一般實驗室化學藥品之持有及使用各具風險，其程度之大小與下列七種因素有關。

　　1.實驗室管理人員是否具有安全的知識及服務的熱忱。

　　2.物質的物理、化學、生物性質。

　　3.化學物質儲存、分配之量及方法。

　　4.使用方法。

　　5.化學物及其衍生物處置方法。

　　6.化學物的時效期限。

　　7.在工作中接近化學品的人類。

3-1-2　物理性危害

　　一般儀器、設備、電能或高壓氣體鋼瓶所造成之直接危害，及儀器設備產生之噪音，有害光線（包括游離輻射等）所產生之傷害。在實驗室中有許多地方存有潛在危害。其中物理危害包括刀具、切割工具、跌落、背傷及由於儀器設備絕緣不良造成電的傷害，所以實驗操作前必須了解各項儀器操作使用說明，避免因操作不當而造成身體的傷害。

　　對於一些危險性較大之實驗項目，應按規定作個人防護措施，並遵守實驗室安全守則，如此方能使物理危害的傷害程度減至最輕微。另外工作場所儀器操作所產生音量超過 85 分貝時，工作人員需配戴耳罩，以減少噪音對身體健康之影響。物理性危害預防較易為人員疏忽，所以要減少災害是要全方位關注每一項瑣碎事務，提高警覺心隨時定期檢查發現不安全因素而加以改正，以期降低實驗室危害發生機率。

3-1-3 生物性危害

生物性危害是在生化實驗室或進行水質檢驗時，常有微生物、病毒、病菌，甚至昆蟲所引起之危害，致病性微生物可由意外植種、注射、或其他方法穿過皮膚而導致人類生病。

微生物之危害來自處理污染物質時，例如以吸管、離心或混合處理水樣與培養基、及使用接種棒時，由於手與口之接觸而感染。通常接觸性暴露之控制，保持良好的個人衛生習慣是相當重要的，並注意經常使用消毒水洗手且充分洗淨，對於工作區之台面也應經常擦拭乾淨。實驗室飲用水最好放置於室外採用腳控式為宜。對於實驗室環境清潔工作要徹底，以防經媒介而感染病菌。

上述三項危害若能管制，則對人體健康就有保障，實驗室之安全管理除對實驗室工作人員健康有保障外，亦須對實驗室硬體設施安全管理加以重視，故往後章節將分別針對實驗室硬體設施安全及人員防護和安全衛生管理加以說明，使實驗室人員能有一個舒適、安全、健康的工作環境為目標。

3-2 健康與安全之危害等級

評估實驗室化學藥品之持有及使用風險，需以量化方式加以表示影響健康安全危害程度之大小。通常健康與安全之危害等級均以 "0" 至 "4" 之數字表示，"0" 表示危害最小，"4" 表示嚴重危害，且有致命之可能。健康等級係以具有毒性、致病性之物質、化學藥品及微生物而訂定。

安全等級則以具有易燃性、反應性之物質及化學藥品之性質、設備、儀器、玻璃器皿及小型工具之種類、特性而訂定。通常在訂定健康與安全之危險等級時尚需考慮以下九項因素：

(1)化學藥品之毒性。

(2) NFPA 健康危害準則。

(3)使用易燃物之經驗。

(4) NFPA 反應性物質。

(5)致病的微生物。

(6)電的危害。

(7)小型工具及切割設備之危害。

(8)實驗程序。

(9)實驗室中使用儀具及玻璃器皿之危害。

茲將**毒性的健康等級**及**物質危害的安全等級**加以說明。

3-2-1　根據毒性的健康等級

一般而言，健康等級 (Index Rating) 採用數字表示方式，例如美國 OSHA (Occupational Safety and Health Administration) 採用曝量平均值 (Time-Weighted Average Exposure Data)[3]，以老鼠之口服半致死劑量 LD_{50} 及中數容許限值 TLm (Medium Tolerance Limit)，來決定等級，如果沒有這些資料，則可用相關的毒性來判斷，表 3-1 以 LD_{50} 及 TLm 來表示健康危害等級。

表 3-1　健康危害等級

健康危害等級	LD_{50} (g/kg)	TLm(mg 或 ppm)
4	<0.05	<1
3	0.005～0.05	1～10
2	0.05～0.5	10～100
1	0.5～5.0	100～1,000
0	>5.0	>1,000

3-2-2　根據物性危害的安全等級[4]

　　實驗室的安全評估，通常很難以定量化方式表示其安全等級程度，而依美國 NFPA 之規定由 "0" 至 "4" 之等級分類，係根據物質製程，設備及實驗來劃分。茲將 "0" 至 "4" 之等級分述如後：

等級 4：表示使用非常危險的物質及設備，其包括閃點在 23℃ 以下，沸點在 38℃ 以下之物質。在空氣中會爆炸之物質。遭電擊可致命的設備、高電壓暴露於外的設備，以及沒有防護罩的動力切割工具等均屬之。

等級 3：閃點在 23～38℃ 之物質，需經引爆或加熱後才會爆炸之物質，因電擊、燃燒、切割導致嚴重後果之設備。

等級 2：閃點在 38～93℃ 之可燃性液體，加熱至室溫以上才會燃燒之物質、反應猛烈或不會爆炸之試劑。動力工具雖然有絕緣保護，但不會斷電。

等級 1：閃點在 93℃ 以上的液體。需加熱才會著火之物質，或加熱至 816℃ 五分鐘後才會著火之物質。常溫時物性穩定，但加熱後，呈不穩定現象之物質。有缺口或帶刺的

手工具。

等級 0：使用之設備，製造程序中極少發生傷害。使用之物質不
　　　　會燃燒，與水接觸不會產生猛烈反應，亦不致發生火災。
　　　　使用之設備不具危險性。

　　有關健康與安全危害等級尺度 (Hazards Rating Scale) 綜合
列於附表 B3–2 及附表 B3–3。其等級尺度係以人體暴露於危險工
作場所的時間及發生意外事故之機率及傷害程度來判定健康與安
全之危害等級度。

3–3　實驗室安全衛生設施[5]

　　實驗室安全衛生早期的發展，較偏重於有形的管理，但由
於化學品本身及相關實驗過程潛在的危害性，此種消極的管理方
式，無法有效消除災害的發生。因此必需有更積極做法方式使實
驗室安全衛生工作落實，以保障從事實驗人員的安全。

　　於此要特別強調的事項，所謂「安全」並非是一項「絕對沒
有危險」之意，而是一項實驗工作經過危險性評估之後為一種
「可接受的危險性」。實驗室之安全須強調本質安全，如能在設
備設計、採購階段即予以充分考量安全衛生之需要，則可避免浪
費人力及物力去改進由於事前的疏忽所造成的不安全性。

　　實驗室一些安全衛生設施設置之目的，在於不安全性存在所
作的有形防護。本節著重實驗室安全衛生硬體設施介紹、人員防
護及安全衛生管理。

3-3-1 實驗室硬體設施安全管理

一、實驗室土木設施安全衛生規劃

設計建造實驗室時,對於一些土木設施的安全衛生考量應特別強調其地板負荷及牆面地板塗裝之功能需求。茲將分別說明於后。

㈠樓地板負荷

實驗室樓地板結構強度之考量,在建造時基於安全與衛生之因素,參考國內外相關資料,一般實驗室樓地板結構度應耐負荷如下[5]:

檢驗區 :	375～625 公斤／平方米
辦公區 :	300～500 公斤／平方米
通道樓板:	500～1,250公斤／平方米

而一些實驗區樓地板強度之需求,依實際狀況如放置超重儀器及特殊振動設備時,而予以強度補強。

㈡牆面、地板塗裝之特殊功能

實驗室人員作實驗場所環境應注意如何避免由於本身設計不當而造成人員的傷害,如牆面地板塗裝皆應考慮防止滲透、容易保持清潔的材質,通常地板採用 PVC 地磚、磁磚或水泥地板塗環氧樹脂。而牆面油漆粉刷宜避免太亮而造成眩光反射。

(三)充分的照明與採光

實驗室空間應力求寬敞、空氣要流通、光線要好，但應防止陽光直接照射化學藥品，宜採用遮陽設施、並作適當的照明。

(四)消防器材配置[5]

1.滅火器

實驗室常因於操作不慎而引起爆炸或由於使用易燃物不當而造成實驗室火災，此時造成人員傷害及財物損失難以估計，宜以最短期間鎮靜地使火源切斷消滅。故滅火器應如何正確選用及配置是很重要的實驗室安全衛生硬體設施之一。

每一個實驗室中應準備至少一種以上滅火器具，擺放於容易取得並遠離有害地區，一般置放於進入實驗室門口外，通道上較為理想。實驗室常用之滅火器：

(1)水型滅火器

常用於易燃物所引起之火災，如木材、紙張及碎布等。

(2)粉化學型滅火器

可用於大部分火災，特別是因易燃液體、金屬及電等所引起之火災。

(3)二氧化碳型滅火器

可用於因易燃性液體引起之小火，及用於因電子儀器或設備所引起之火災。

2.防火、滅火氈

防火、滅火氈適用於小火或火場中人員之裹身逃生用，應置於實驗室內明顯易取得之處。

二、實驗室溫濕度及排氣通風系統考量[6]

實驗室溫度、濕度的適當與否，以及實驗室空氣流通與否，對於工作人員工作效率，以及工作安全衛生與否皆有很大的關係。茲分別說明如下：

(一)實驗室溫濕度考量

實驗室溫度及濕度適當與否，對於工作人員舒適性及精密儀器使用壽命及精密度影響甚鉅。實驗室溫度由於受整體換氣之影響，其溫度及濕度大致與室外之溫度相當，工作人員體溫受到外界溫度變化感覺最大，直接影響工作人員的舒適性。對於精密儀器其溫度最好維持在 $20\pm2℃$，相對濕度則維持在 $60\pm5\%$。

(二)實驗室排氣通風系統考量

安全、舒適、健康的實驗工作環境，為每一位從事實驗工作人員所追求的目標。實驗室由於各種實驗產生有害氣體及熱能之影響造成實驗室空氣品質改變，對於人體健康問題造成危害。故實驗室排氣通風系統良好與否，直接會影響工作人員情緒及健康。

通風之目的在於防止空氣污染物、熱、微生物在工作場所積留造成不舒適或危害，並避免粉塵、燻煙在密閉空間累積產生爆炸或火災之危險。

基本上，**通風**係藉由**自然**和**機械**方式，將空氣供給某處或從某處將空氣排放出的過程。通常通風排氣分全面性與局部性兩種。全面性通風是工作場所為了舒適，將室內的空氣藉由自然或機械通風方式排出室外或引入室內。

在實驗室設計排氣通風設備時，應考慮以下原則有：

1. 空調系統應採各實驗室獨立循環空調式，避免各實驗室互相污染。
2. 各實驗室空調排氣於管線末端須經廢氣處理設備。
3. 中央空調系統應考慮新鮮空氣進氣口遠離實驗室廢氣排放口。

設計空調系統換氣所需之風量視實驗室每位人員所佔空氣體積之多寡而定，決定所提供之新鮮空氣應滿足表 3-4 需求。

表 3-4　實驗室所需提供新鮮空氣之量

工作場所每人所佔體積 (m^3)	5.7	5.7～14.2	14.2～28.3	28.3以上
每分鐘每人所需新鮮空氣體積 (m^3)	0.6	0.4	0.3	0.14

範例：有一化學實驗室，其空間尺寸：

　　　長 25 m，寬 10 m，高 4 m，平日實驗學生人數 30 人，最大日之實驗學生人數 50 人，欲利用全面換氣裝置提供新鮮空氣，則該實驗室需最小之通風量為何？

說明：工作場所總有效氣積為

　　　25 m × 10 m × 4 m = 1,000 m^3

　　　最大日實驗學生人數 50 人，實驗場所每人所佔體積為：

　　　1,000 m^3/50 人 = 20 m^3/人

　　　由表 3-4 查得，每分鐘每人所需之新鮮空氣體積為 0.3 m^3

　　　故實驗室所需之風量為：

　　　0.3 m^3/人 –min × 50 人 = 15m^3/min

　　　於長邊處每 5 公尺裝置一台風扇，每台風扇之送風量為：

$$15 \ m^3/min/5 = 3 \ m^3/min$$

註：⑴風扇應選級數低，避免噪音干擾。

　　⑵有效氣積指高度在 4 m 以下之空間。

　　局部排氣通風通常使用**排氣櫃設備**防止毒性化學品及放射性物質停留在室內，**設置位置應考量遠離實驗室主要出口以策安全，放置於較偏僻角落，以減少人員與物品在排氣櫃前交通量及減輕因交通量增加對排氣櫃正常運作之影響**。排氣櫃臺面（櫃內）材質須耐腐蝕、抗衝擊，如為具有產生壓力或反應性之實驗，櫃門玻璃窗更應採用強化安全玻璃或防爆玻璃。至於排氣風速要求全開平均為 0.37 m/s，毒性為 0.5 m/s，同位素 (Isotope) 為 0.6 m/s。

三、實驗室內通道及出口[5]

　　在實驗室檢驗台間隔或距離主要設備距離至少有 1.5 公尺空間，以供檢驗人員於檢驗台工作時身後仍有一足夠安全寬度通過。實驗室出口至少有二處，門應向外開，窗子能開啟，作必要時之逃生，走廊至少 1.5 公尺寬。

四、實驗桌台規劃[5]

　　實驗桌為實驗室硬體設施重點，其規格與抗強度之標準與否相關實驗室工作人員是否獲取較安全考量。一般實驗桌台深度為 60 公分（不包括一般公用設施管線）。工作台的高度依人體工學的設計分為坐姿與立姿二種工作檯。坐姿工作檯的高度從 88～94 公分。化學實驗桌面宜採用抗化性，藥品不殘留性，同時有防止容器滾落的構造。桌面要考量操作空間是否足夠及桌面藥品架應設有橫桿防止藥品掉落。電源設置應考慮各種用途電壓裝置防

止負荷過重，並有接地裝置。

五、化學品貯存系統

化學實驗室使用化學藥品原則，宜以統一集中保管分類使用，並注意依各種藥品特性加以安全化考量設置化學藥品櫃（或藥品室），其設計宜注意事項：

1.排氣通風良好。

2.防爆型。

3.消防感知自動滅火器。

4.分類藥品區隔。

5.易燃、易爆、劇毒物應為隔離專用之貯存場所。

6.劇毒物質依毒管法規定管理（如標示、偵測、警報），其詳細內容將於第四章化學品管理作介紹。

六、實驗室供氣系統

實驗室供氣系統安全考量應注意以下事項：

1.壓縮空氣，瓦斯管線應耐壓測試。

2.氣體鋼瓶房之設計。

一般實驗室各種氣體使用複雜，其管理安全宜注意：

(1)防爆性。

(2)排氣裝置。

(3)鋼瓶固定架。

(4)氣體管線應耐壓試漏測試及標示。

(5)氣體偵測警報裝置。

七、瓦斯使用安全

1.進入實驗室須注意瓦斯有否洩漏，若有臭味應立即檢查瓦

斯開關，並開啟門窗。

2.使用本生燈前，應先檢查橡皮管是否有扭轉、硬化及破裂之現象。

3.以本生燈加熱時，若空氣量過多則有危險性，因此若發現綠色火焰時，應立即關閉中閥。

4.因瓦斯與空氣混合後易爆炸，故開閥後應立即點火。

5.實驗完畢應先關瓦斯，再關空氣閥與中間閥。

八、高壓氣體鋼瓶使用安全及運送貯存管理

㈠使用安全

1.應使用檢驗合格之鋼瓶。

2.使用前應先確認減壓閥調整在「關」的位置，才可以打開原閥調整欲使用之壓力。

3.打開氧氣鋼瓶閥前必須先清除附近的引火材料，如用來覆蓋噴嘴的塑膠蓋即須完全排除。

4.發現減壓器壓力計有漏氣或指示不良時，應立即更換。

5.高壓氣體瓶指示壓力在 $1\sim2$ kg/cm^2 時應即時更換。

6.新購進之高壓氣體鋼瓶，應確實記錄日期、容量及壓力等事項。

7.檢查調節器上各閥門螺絲均已在關閉位置。

8.應用標準工具將調節器妥裝在鋼瓶頭閥上。絕不可使用未裝調節器之鋼瓶。

9.應用標準工具或用手旋開鋼瓶頭閥，先試有無漏氣。如瓶頭閥漏氣則開回閥門，取下調節器，將鋼瓶搬至安全無火源處，同時掛上標誌，立即處理。

10.不可使用油布擦拭鋼瓶，或使油氣接觸鋼瓶。

11.應按規定使用，不可任意混用。

12.勿將鋼瓶內之氣體完全耗盡，應留少許壓力在瓶內。

13.使用後應先將鋼瓶之原閥關閉，再使管內氣體排空，當壓力計指示為零時再關開關。

14.使用乙炔高壓瓶時，其減壓閥應使用特製品，不可使用銅合金製品。

(二)鋼瓶之運送

1.不可除去或更改標示及號碼。

2.搬運時不可拖、拉、滾動鋼瓶，應使用手推車等，同時，鋼瓶上下搬運不得碰撞地面樓板。

3.鋼瓶應正放捆緊避免倒轉。

4.不可讓鋼瓶碰撞或相互摩擦。

5.勿以鋼瓶作支撐物或其他用途。

6.運送中不可移動鋼瓶上之安全裝置，也不可利用鋼瓶保護蓋作提升鋼瓶之用。

7.空瓶或未使用之鋼瓶，應裝上瓶頭護罩並標示清楚，且瓶閥亦應旋緊。

8.搬運時不可接近高溫或火源，宜保持在攝氏四十度以下。

9.鋼瓶吊起搬運不可以電磁鐵、吊鏈、繩子等直接吊運。

10.鋼瓶裝、卸車，應確知護蓋旋緊後才進行。卸車時必須使用緩衝如輪胎。

11.避免與不同氣體混載，若必須混載，則應將鋼瓶之頭尾反方向置放或隔置相當間隔。

12.運送氣體鋼瓶之車輛，應有警戒標誌。

13.載運可燃性氣體時，應攜帶滅火器。

14.載運毒性氣體時，應備帶吸收劑、中和劑及防毒面具。

15.搬運中若溫度異常升高，應立即灑水冷卻，並通知製造商處理。

(三)鋼瓶之貯存

1.應儲放於乾燥、通風良好處，並避免日光直射。

2.貯存場所應有適當之警戒標示，並嚴禁煙火。

3.貯存周圍二公尺內不得放置易燃物品。

4.可燃性氣體、毒性氣體及氧氣之鋼瓶，應分開貯存。

5.須以鐵鏈固定。

6.儲放場所應保持在攝氏四十度以下。

7.應貯存於發生緊急狀況時，便於搬出鋼瓶之場所。

8.通路面積以確保貯存處面積百分之二十以上為原則。

9.貯存之氣體若比空氣重，則應注意低窪處之通風。

10.貯存場所之電氣設備應採用防爆型，不可帶用防爆型攜帶式電筒以外之其他燈火，並應有滅火器。

11.貯存處應備置吸收劑、中和劑及防毒面罩等防護具。

12.具腐蝕性之毒性氣體，應充分換氣，並保持通風良好，降低濕度。

13.不可貯存於腐蝕性化學藥品或煙囪附近。

14.預防異物混入。

3-3-2　人員安全衛生管理

一、一般安全衛生守則

1.實驗室內禁止跑步嬉鬧、進食及從事與實驗無關的活動。

2.實驗室應至少有兩個門，所有主要通路與出口在任何時刻

均不應被瓶、盒、管線等物品阻塞。

3.實驗室應保持整潔，務求藥品儀器各得其所，地板應無油污、水或其他易致滑跌之物質。

4.實驗室門上應有玻璃窗，玻璃窗不應被遮蓋住，以求實驗室內發生事故時，能及時發現搶救。

5.實驗室應有適當的照明。

6.實驗室內嚴禁抽煙。

7.食物不得與試藥貯存於一般冰箱或冷藏室。

8.儀器應穩固地安置，以防震動；會產生過度噪音的儀器應以隔音板隔絕之。

9.所有之藥品容器及鋼瓶皆貼上標籤，註明品名及配製日期。

10.操作實驗時穿著實驗衣、戴手套，並著包覆式鞋子，不可穿涼鞋、拖鞋或短褲；搬運重物時，宜著安全鞋。

11.若操作試樣有濺出或噴出之可能，宜配戴安全眼鏡；處理粉末試藥，應配戴防粉塵口罩，處理有機試劑，則應配戴防毒面罩，並選擇合宜的濾罐。

12.工作前後務必洗手。

13.配製酸鹼試劑，應將酸、鹼慢慢滴入水中，不可直接將水加於試劑內。

14.操作揮發性有機溶劑、危險性及毒性、可燃性或有刺激性蒸氣產生之化學品時，應於抽氣櫃內進行。

15.實驗前詳細閱讀有關藥品之物質安全資料表。

16.使用移液吸管時，須用安全吸球，禁止用口吸。

17.操作高溫、高壓或有輻射危險之實驗時，應使用安全遮板或安全防護罩。

18.設備、儀器使用前，應詳讀操作手冊，並按正常程序操作，

用畢務必關上所有開關。

19. 不可曲身進入氣罩內。

20. 危險化學品應儲存於安全容器中；高揮發性，易燃性或毒性化學品應置於低溫、通風良好處。

21. 認清並牢記實驗室內最近的滅火器、急救箱及緊急淋浴設備與洗眼器的位置，並熟知使用方法。

22. 避免單獨一人於實驗室操作危險實驗。

23. 操作危險實驗時，應於門口懸掛警示牌，非工作人員不得任意闖入。

24. 對可安全離開無需看管之儀器設施，均應加上操作中之標示，並應標示如何關機之詳細步驟，及註明緊急狀況之處置措施與連絡人電話。

25. 被化學藥品濺潑時，應立即用水沖洗至少**15 分鐘**以上，並送醫治療。

26. 化學藥品應妥善管理，使用過之藥品應依規定處理，不得任意棄置或倒入水槽。

27. 實驗完畢應檢查水電、瓦斯等是否關閉，不必繼續開啟之儀器設備應予以關掉以策安全。

二、急救藥品及器材

實驗室應有醫療箱、毯子、緊急救護器材儲櫃應放置在緊急狀況下工作人員也亦易取得之處，並避免受化學物質的污染，同時日常應由專人管理，定期清潔與換藥。該櫃尺寸大小與存放的救護器材應依各實驗室不同而放置品也有所差異，大致上可分為特殊用途與一般用途的救護器材，其分別如下：

一般用途	特殊用途	急救藥品及器材
緊急救護毛毯 緊急應變資料（如醫院電話） 復甦用設備 醫藥箱 擔架	化學品洩漏堵漏器材 逃生用呼吸器 解毒劑 防護衣	消毒紗布 無鉤鑷子 安全別針 消毒棉花 必需藥品 普通剪刀 三角巾 止血帶 繃帶 夾板

三、緊急淋浴及洗眼設備[5]

實驗室必須要有淋浴及洗眼設備。**洗淋浴設備應**至少能供給**每十分鐘 110 公升低速淋浴水**，過高速率淋浴會增加傷者患部組織的破壞。緊急淋浴設備應裝置於每一鄰近危險有害實驗及儲存區。**每一獨立實驗室至少應配置一套緊急洗眼設備。**可安裝在洗手臺或實驗室內容易到達之位置，且有地面排水，地板上不可堆置雜物，且需每天排水保持其正常功能，如能以定時器定時沖排則更佳。使用**強酸、強鹼實驗室內在距離危險區 6 公尺內設置一洗眼設備**。

為了降低實驗室意外災害的發生，除了在治本上改善作業環境，培養良好之操作習慣外，在治標上，則須配戴個人防護具，因為，有時工程控制並無法完全消除潛在之危害，所以，個人防護具的使用，則成為保護實驗室工作者的最後一道防線。

四、個人防護具

(一)適用時機

在勞工安全衛生設施規則中，對個人防護具之適用時機，做了詳盡之規定。在此，針對實驗室特性，就相關法規及條文，整理如下：

1. 對於搬運、置放、使用有刺角物、凸出物、腐蝕性物質、毒性物質或劇毒物質時，應置備適當之手套、圍裙、裹腿、安全鞋、安全帽、防護眼鏡、防毒口罩、安全面罩等。

2. 於高架作業，或對作業中有物體飛落之危險者，應置備安全帶、安全帽及其他防護。

3. 暴露於強烈噪音之工作場所，應置備耳塞、耳罩等防護具。

4. 暴露於高溫、低溫、非游離輻射線、生物病原體、有害氣體、蒸氣、粉塵或其他有害物質時，應置備安全衛生防護具，如安全面罩等。

5. 對於在作業中使用之物質，有因接觸而傷害皮膚、感染、或經由皮膚滲透吸收而發生中毒之危險者，應置備不浸透性防護衣、防護手套、防護靴、防護鞋等防護具。

6. 對於從事輸送腐蝕性物質者，為防止腐蝕性物質飛濺、漏洩或溢流，應使用適當之防護具。

附表 B3-5 所列，為美國環保署將危害分成四個等級[7]，美國職業安全衛生管理局 (OSHA) 再依據不同危害狀況建議適用的防護措施。其中，A 級危害是指會對人員的呼吸及皮膚造成立即的危害，B 級是當氧氣濃度低於19.5% 或有物質會對人體呼吸

系統造成立即性傷害，C 級為有污染物存在，但不會對曝露之皮膚造成傷害或經由皮膚吸收，D 級則為無危害狀態。因此，A 級表示作業環境惡劣，故需要最佳之防護措施以保障人員之安全，依序遞減，D 級則表作業環境中沒有污染物或有害物質低於容許濃度，故可以不必使用防護具。附表 B3–6 所列，則為危害等級防護具使用邏輯[7]。

(二)選用原則

選用個人防護具時，應依照下列各項基本原則[8]：

1. 應能有效的保護人員，而將危害因素隔絕。
2. 須針對污染的型態，包括物理、化學及生物性質，對人體的影響與作業環境的特性，能提供適當的防護。
3. 須穿戴舒適方便，且不妨礙作業。
4. 防護具所採用之材質，不會引起人體不良反應，且配戴後不會增加使用者重量負荷。
5. 符合國家標準 (CNS)，具相當之強度及耐久性，且維修保養容易。

(三)防護具種類

個人防護設備包括：頭部、臉部、耳部、鼻口部、手部、腳部等。茲分別介紹如下[2]：

1.頭部防護

頭部防護有：安全帽、頭巾、防護帽。

2.臉部防護

臉部防護有：面部護罩（防災面罩）、熔接面罩（電焊頭盔）、安全面罩、防毒面具等。

3.眼部防護（用以防止浮游塵、物理、化學、生物等有毒或

刺激性物質濺入眼內）

眼部防護有：防塵眼鏡、防毒眼鏡、遮光眼鏡（電焊熔接用）、
　　　　　　安全眼鏡、防風眼鏡。

4.耳部防護

耳部防護有：防音耳護、耳罩、防音帽。

5.手部防護（保護手部免於酸、鹼等物質的侵蝕和傷害）

手部防護有：一般防護手套、防毒手套、耐電絕緣手套、耐
　　　　　　熱手套、工作安全手套、耐酸鹼手套、護腕、
　　　　　　護手皮革製品、皮膚保護劑、指套、手墊。

6.足部防護

足部防護有：安全鞋、工作長靴、護腿及其他護足品。

7.身體防護

身體防護有：工作衣、防護衣（依處理物質的危害性而分為
　　　　　　一般防護衣和特殊防護衣）、防毒衣、圍裙、
　　　　　　肩衣（袖套）。

8.呼吸防護（防止有毒或刺激性氣體的吸入）

呼吸系統防護有：防塵口罩、防毒面罩、通氣口罩、送風口
　　　　　　　　罩、壓縮空氣面罩、氧氣呼吸器（安全面
　　　　　　　　罩）、一氧化碳自己救命器，因防護的氣
　　　　　　　　體不同而有不同種類的防護口罩。

9.其他防護具

上述防護具外，尚有：安全帶、救生索、救生衣。

(四)防護具的維護與管理[9]

1.應設置於通風良好，維持一定的溫、濕度，並避免日光直
　射之固定地點，且需遠離火源。

2.定期維修、檢測。

3.避免與腐蝕性物質置於同處。

4.實驗室管理人員，應熟悉各項防護具之使用方法、性能及使用限制，並教導實驗人員正確使用。

五、危險、危害辨識資料

實驗室中對使用的**每一種化學物質均應具備物質安全資料表**，便於**辨識物質危害**，一旦發生意外時之緊急處理參考。**詳細內容將於第四章述及。**

3-4　自動檢查

吾人欲謀求防止職業災害、保障勞工安全與健康，必須於事先發現不安全及不衛生的因素，立即設法消除與控制，才能達到此項目的。欲於事先發現不安全及不衛生的因素，就必須實施安全衛生檢查，對於事業單位之機械設備、工作環境、及操作人員的行為動作經常詳細檢查，督導改進，以消弭災害於無形。可分為下列幾種檢查方式：

1.定期檢查。

2.重點檢查。

3.檢點。

4.巡視。

5.作業環境測定。

一、自動檢查計畫之訂定

欲實施自動檢查，首先應訂定完善的自動檢查計畫，勞工安全衛生組織管理及自動檢查辦法明文規定，危險性機械設備及其作業（如附表 B3-7）均應訂定自動檢查計畫。

二、自動檢查計畫之內容大致可分為下列幾項

1.檢查對象設施。

2.檢查項目。

3.檢查時間。

4.檢查程序。

5.檢查方法。

6.檢查人員編組。

7.檢查期中安全對策。

三、自動檢查之實施

㈠檢查工作之準備

1.研究工作場所及機械設備性質。

2.查閱過去檢查及有關災害紀錄。

3.準備檢查紀錄表格。

4.準備檢查工具。

⑴本身防護裝具。

⑵檢查儀器設備。

⑶其他用具（包含危險掛籤）。

㈡檢查工作之進行

1.確定檢查順序。

2.應與現場作業人員商討。

3.檢查應徹底確實。

4.檢查應把握重點。

(三)檢查紀錄之作成

檢查完畢後，檢查人員應作成紀錄，如設施有檢查小組，則小組召集人應召集小組成員共同會商檢討，確定檢查紀錄。紀錄內容包括：

1.檢查年月日。

2.檢查方法。

3.檢查處所。

4.檢查結果。

5.問題點之原因及對策，今後使用、檢查有關注意事項。

6.依檢查結果採取整修措施之內容。

7.下次檢查項目、時期。

8.檢查人姓名。

四、自動檢查後應採措施

按照自動檢查計畫實施自動檢查後，應即採取下列各項措施，始能達到防止職業災害的目的：

1.檢查結果應予整修之機械設備應立即整修，並予再檢查合格後方可恢復使用。

2.檢查紀錄應呈報事業單位負責人或其代理人，至少保存三年以備查考。

3.檢查結果提出之安全對策應立即實施，以防止災害之再發生。

4.檢查基準或檢查紀錄表應立即修正，以備下次檢查之用。

茲將勞工檢查處所頒訂八十七年度大專院校實驗室、試驗室、實習室場或實驗工場安全衛生檢查重點項目列於附表

B3–8 中。

3–5　結　論

　　要設計一完善的實驗室硬體設施來完全防止所有可能**發生的意外事故，是不可能的，**仍需要建立完善的管理組織與制度，訂定工作守則，以及加強人員的教育訓練落實來配合，並且實驗室工作的每一個人必需要有「安全警覺心」。**安全警覺是每一個人的習慣，**必需一再重覆的提出討論，資深的工作人員，一定要有熱忱來指導並影響每一位工作者重視實驗室的安全及衛生，如此全面式安全衛生管理有助於避免及減少意外事故於實驗室中發生。

問題討論

3-1 試述實驗室危害可分為幾種？

3-2 試述實驗室安全衛生管理之目的。

3-3 試述如何創造安全的工作場所？

3-4 試述自動檢查之種類為何？

3-5 試依您服務之單位有那些法定危險性機械設備及其作業
必須作自動檢查之項目？

3-6 試述實驗室作局部排氣通風設備及其設置時應考量之因
素為何？

3-7 試述實驗室供氣系統之安全考量有那些注意事項及其管
理安全之注意事項為何？

3-8 試依您目前所服務之單位，說明高壓氣體使用之安全系
統有那些？

3-9 何謂「本質安全」？

參考文獻

1. 倪福成，《實驗室安全衛生之探討》，中山科學研究院 (1995)。

2. 《化學工業安全概論》，教育部環保小組 (1992)。

3. Leo C. Hearn, Steven L. Jr., David F. Geode, Coble, *OSHA Laboratory Standard* Lewis Publishers, Inc. (1991)。

4. NFPA 704–5, *Standard System for the Identification of the Fire Hazards of Materials* (1991)。

5. 劉運宏，《實驗室安全衛生設施規劃》，中正理工學院 (1994)。

6. 《學校實驗室環保安衛手冊》，教育部環境保護小組 (1991)。

7. 《危害通識制度執行人員進階班教材》，行政院勞工委員會 (1994)。

8. 鄭世岳等，《工業安全與衛生》，文京圖書有限公司 (1995)。

9. 《化學工業概論》，教育部環境保護小組 (1992)。

第四章 實驗室化學品管理

4–1　前　言

　　實驗室中，存在各種有毒及危險有害物質，而實驗室工作者不可避免的，必須接觸各種化學品，由於身處第一線作業環境，直接曝露於這些危害因子中，稍一不慎，即可能產生慢性疾病或造成傷亡。

　　預防災害的第一步，就是認識災害的存在。因此，為了避免實驗室的化學危害，其首要工作即在於辨認化學物質之特性，必須對所使用的化學品有正確的認識，才能避免因過度曝露或使用不當而引起災害，同時，也可針對化學物質之危害性，在作業環境、安全設施及實驗方法等方面，藉著良好的管理與控制，將化學物質的危害性降至最低。

　　欲了解所使用之化學品，就必須先認識政府各有關機構對化學品的管理法規，因此，本章茲就危害物質通識制度及化學品儲存安全，特用化學品及有機溶劑之特性與管理法規分別加以介紹。而有關毒性物質部分列於第五章詳述之。

4–2　危害通識

　　為了使作業人員在工作場所能得到正確的危害物質資訊，歐美各國均訂有危害通識相關法規。而勞委會也根據「勞工安全衛生法」第七條：雇主對危險物及有害物應予標示，並註明必要之安全衛生注意事項之規定，於八十一年十二月發佈「危險物及有害物通識規則」（附錄 C4–1），希望能藉此建立良好的物質管理體系，以達防災的效果。

4-2-1 危害物之定義

所謂危害物即危險物及有害物之簡稱。依據勞工安全衛生法施行細則第十一條規定，應標示之危險物為**爆炸性物質**、**著火性液體**、**可燃性氣體**、**爆炸性物品**及其他經中央主管機關指定之物質；另第十二條規定應標示之有害物為**致癌性**、**毒性物質**、**劇毒物質**、**生殖系統致毒物**、**刺激物**、**腐蝕性物質**、**致敏感物**、**肝臟致毒物**、**神經系統致毒物**、**腎臟致毒物**、**造血系統致毒物**及其他造成肺部、皮膚、眼、黏膜危害之物質，經中央主管機關指定者，其所列舉之化學物質，請詳見附錄 C4-1 之附表一。而對未被列舉者，主管機關將視需要再加列以擴大適用範圍，加強對作業人員的保護。

至於在正常使用的情況下，不具危害性或在其他機關之法規已管制者如(1)有害事業廢棄物(2)菸草或菸草製品(3)食品、藥物、化妝品(4)製成品(5)其他經中央主管機關指定者，則不適用危害通識規則。

4-2-2 危害物質分類及標示

一、分 類

危害物質的分類是辨識危害物質的第一步，危害物質經過歸類後，才能選擇適當的包裝，及附上適當的標示。因此，政府參照一九九一年聯合國危險物運輸專家委員會「關於危險物運輸建議書」，將危害物質的種類歸成九大類（如附表 B4-1），除第三

類易燃液體、第八類腐蝕性物質、第九類其他危險物之外，其餘六類又區分為若干類號或類組號。其分類分述如下[1]：

(一)第一類：爆炸物

此類爆炸物區分為六組：

(1) 1.1 組：有一齊爆炸危險 (Mass Explosive Hazard) 之物質或物品（一齊爆炸係指其全部裝填量於瞬間同時發生爆炸）。

(2) 1.2 組：有拋射危險，但不一齊爆炸之物質或物品。

(3) 1.3 組：會引起火災，並有輕微爆炸或輕微拋射危險，或兼具兩種危險，但不一齊爆炸之物質或物品。本組物質或物品包括下列兩者：(a)產生大量輻射熱者(b)相繼燃燒，同時或單獨產生局部爆炸或局部拋射效果者。

(4) 1.4 組：無重大危險之物質或物品；其所包含之物質或物品，一旦著火或自行引發，僅有輕微危害。

(5) 1.5 組：有一齊爆炸危險，但不敏感之物質或物品。其在正常運輸情況下，鮮有因引發或燃燒而爆炸者。

(6) 1.6 組：有一齊爆炸危險，但極不敏感之物質或物品。本組包含極不敏感之爆炸物質，及意外引發或傳爆之發生機率很小之物品，其風險僅限於單一物品之爆炸。

(二)第二類：氣　體

此類氣體依其運輸過程中之主要危險區分為下列三組：

(1) 2.1 組：易燃氣體；指氣體在 20℃，標準壓力 101.3 kPa

時，與空氣之容積混合比在 13%以下時易著火者；或不論其燃燒下限為何，其在空氣中之燃燒範圍不少於 12%者。

(2) 2.2 組：非易燃氣體；指氣體在 20℃，壓力不小於280 kPa 下，以冷凍液體之方式運輸，而有下列情況之一者：

　　　(a)窒息性者：可稀釋或置換空氣中氧氣之氣體。

　　　(b)氧化性者：一般藉提供氧，使其他物質較在空氣中更容易燃燒者。

　　　(c)不歸類其他組者。

(3) 2.3 組：毒性氣體；指氣體會對人類之健康造成毒害或腐蝕之危害者；或其半數致死濃度 (LC_{50}) 等於或小於 5,000 ml/m³，被認定對人類有毒害或腐蝕者。

(三)第三類：易燃液體

此類包含液體、液體混合物，或在溶液或懸浮物中含有固體之液體，其閃火點在閉杯試驗時不高於 60.5℃。對易燃性的分組如表 4–2所示。

表 4–2

包裝類別	閃點（閉杯）	起始沸點
I	－	≦35℃
II	<23℃	>35℃
III	≧23℃， ≦60.5℃	>35℃

㈣第四類：易燃固體；自燃物質；禁水性物質

此類包含下列各組：

　　⑴ 4.1 組：易燃固體；係包括固體在運輸過程中，遇到狀
　　　　　　　況時，有燃燒之虞或經由摩擦導致火災者，自
　　　　　　　行反應及類似物質容易進行強烈之放熱反應者、
　　　　　　　及鈍化之爆炸物如不予足夠稀釋有爆炸之虞者。

　　⑵ 4.2 組：自燃物質；係指在正常運輸下易於自然發熱，
　　　　　　　或因空氣接觸發熱易於著火之物質。

　　⑶ 4.3 組：禁水性物質；係指與水相互作用，容易自燃，
　　　　　　　或釋放大量危險之易燃氣體之物質。

㈤第五類：氧化性物質；有機過氧化物

本類物質包括：

　　⑴ 5.1 組：氧化性物質；此類物質本身不一定燃燒，但通
　　　　　　　常能放出氧氣導致其他物質燃燒者。

　　⑵ 5.2 組：有機過氧化物；此類物質很不安定，可能兼具
　　　　　　　下列之一或多項性質：
　　　　　　　(a)有爆炸分解之可能。
　　　　　　　(b)迅速燃燒。
　　　　　　　(c)對撞擊或摩擦敏感。
　　　　　　　(d)與其他物質起危險反應。
　　　　　　　(e)導致眼睛傷害。

㈥第六類：毒性物質及感染性物質（但危害通識不列
　　　　　入感染性物質）

此類物質包括:

(1) 6.1 組: 毒性物質; 係指由於吞食、吸入或與皮膚接觸, 有致人死亡、嚴重傷害或有害健康之物質。本組依其毒性程度分組如下表 4-3 所示。

(2) 6.2 組: 感染性物質。

表 4-3

包裝類別	LD_{50}(吞食)(mg/kg)	LD_{50}(皮膚接觸)(mg/kg)	LC_{50}(吸入粉塵或煙霧)(mg/l)
I	$\leqq 5$	$\leqq 40$	$\leqq 0.5$
II	$>5\sim 50$	$>40\sim 200$	$>0.5\sim 2$
III	固體: $>50\sim 500$ 液體: $>50\sim 2,000$	$>200\sim 1,000$	$>2\sim 10$

(七) 第七類: 放射性物質

指任何物質其放射性比活度 (Specific Activity) 大於 70 kbq/kg 者, 其依行政院原子能委員會之有關法令辦理。

(八) 第八類: 腐蝕性物質

此類物質接觸生物之組織時, 產生之化學反應能導致嚴重損傷, 或一旦洩漏, 會導致其他物品或其運輸具之損壞或損毀, 並可造成其他危害。

(九) 第九類: 其他危險物質

指在過程中, 產生之危險為上述第一至八類所不能包括之物質或物品。

二、標　示

　　危害通識規則所採用的標示係依據中國國家標準，危險物標誌採用的分類，以一系列象徵符號、顏色、數字等直覺工具為主的標誌，清晰易懂，其圖示請見附錄 C4-1 之附表二。

　　標示之規格為直立 45° 角之正方形（菱形），適用一般容器的大小尺寸，如下圖。圖示亦可依容器大小，按比例縮小至可辨識清楚為度。

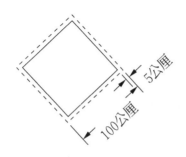

　　除了經由對危害物質的分類，選用主要的危害標誌外，還必須對標示的危害物質加以說明，才算完成標示。因此，在危害通識規則中規定，標示應有兩項：圖示及內容。其標示之格式，請見附錄 C4-1 之附表三。附圖 A4-1 進一步說明標示內容之重要性。

4-2-3　物質安全資料表

　　實驗室化學災害頻傳，其原因之一係因實驗室工作者不明白自己所用之化學物質的特性，因此無法採取適當的防範措施，尤其是在災害發生時，更因無法立即知道所使用之化學物質的名稱及特性，使得鑑定工作費時而延誤救治，因此，建立每一種化學物質的說明書，在化學危害的預防工作極為重要。

物質安全資料表簡稱 MSDS (Material Safety Data Sheet)，有人稱之為化學品的身分證，其簡明扼要地載明化學物質的特性外，也包括了安全處理、緊急應變、清除污染和控制危害等資料，同時可補充標示內容危害警告或防範不足之處。因此，在危險物及有害物通識規則第十二條規定，雇主對含有危害物質之每一物品，應提供勞工物質安全資料表，並置於工作場所中易取得之處；而為了其內容之正確性，通識規則第十六條並規定，物質安全資料表至少每三年更新一次。

物質安全資料表依據危害通識規則之規定，必須備有十大項資訊，其內容及範例請見附錄 C4-1 之附表四。

4-3 化學品儲存安全

實驗室內往往會積存許多化學藥品，若是儲存不當，可能會造成毒性物質外洩、火災和爆炸，因此化學品的儲存不可謂不慎。下列為藥品的貯存所應注意之事項。

1. 環保署公告列管之毒性化學物質，於藥瓶上須標示清楚，妥置於安全容器中，並加強管理，同時記錄其使用量及剩餘量。
2. 必須根據危害通識規則，建立危害物質之標示及物質安全資料表，並置於實驗室內易取得之處。
3. 藥品的保存須考慮溫度、濕度以及受振動等影響而採取適當的安全措施。
4. 須注意藥瓶的瓶蓋是否旋緊，是否易破損或腐蝕。

同時，依據美國環保署之有害廢棄物的相容性判斷，當兩種物質相混合後，若有：(1)放熱。(2)著火。(3)產生氣體。(4)產生有毒氣體。(5)產生可燃氣體。(6)揮發出毒性或易燃性物質。(7)產生

不穩定物質。(8)超高壓產生。(9)溶出毒性物質。(10)釋放出有毒之粉塵、酸霧及粒狀物。(11)劇烈聚合反應等現象，視此物質為不相容。

因此化學藥品應依附表 B4–4[2] 所示之不相容特性，分類貯存，保持適當距離，並維持通風良好，避免日光直射。實驗時，藥品的使用更應避開如附表 B4–5 所示會發生危險的組合[2]。

4–4　特定化學物質

4–4–1　特定化學物質之分類

依據民國八十年修訂之勞工安全衛生法中之特定化學物質危害預防標準，特定化學物質依危害性不同區分為甲類物質、乙類物質、丙類物質及丁類物質。

1.甲類物質：致癌或疑似致癌物（禁止勞工製造、處置或使用）。

2.乙類物質：致癌或疑似致癌物（未證實對人體有致癌性）。

3.丙類物質：高毒性為主要考量，再依不同特性分為一、二、三類。

(1)丙類第一種物質：毒性、腐蝕性，部份具致癌性，其腐蝕洩漏時有慢性危害。

(2)丙類第二種物質：染料——疑似致癌物。

(3)丙類第三種物質：不致大量洩漏之高毒性物質，部份為疑似致癌物。

4.丁類物質：具腐蝕性，如洩漏時可產生急性危害。

4-4-2 特定化學物質之特性

特定化學物質之特性及其危害性與主要用途如附表 B4-6[3] 所示。

4-4-3 特定化學物質之管理

依據特定化學物質危害預防標準, 其管理應為[3]:

一、實驗室管理人員或負責教師應執行下列規定事項:

1. 預防從事實驗之人員被特定化學物質等污染或吸入該物質。
2. 決定實驗方法並指導實驗。
3. 對局部排氣裝置及其他預防實驗人員健康危害之裝置, 每月檢點一次以上, 並做記錄保存。
4. 監督實驗人員對防護具之使用狀況。

二、實驗室管理人員依規定設置之局部排氣裝置及空氣清淨裝置, 應每年定期就下列事項實施自動檢查一次以上; 發現異常時, 應立即採取必要之措施。

1. 氣罩、導管、排氣機及空氣清淨裝置之磨損、腐蝕、凹凸及其他損害之狀況及程度。
2. 導管、排氣機及空氣清淨裝置之粉塵堆積狀況。
3. 排氣機之注油潤滑狀況。
4. 導管接觸部份之狀況。
5. 連接電動機與排氣機之皮帶之鬆弛狀況。
6. 吸氣及排氣之能力。

7.其他為保持性能之必要事項。

三、實驗室管理人員對設置之特定化學設備或其附屬設備，應每
二年定期就下列事項實施自動檢查一次以上，發現異常時，
應立即採取必要之措施。

　　1.特定化學設備或其附屬設備（不含配管）：
　　⑴內部有否足以形成其損壞原因之物質存在。
　　⑵內面及外面有否顯著損傷、變形及腐蝕。
　　⑶蓋、凸緣、閥、旋塞等之狀態。
　　⑷安全閥、緊急遮斷裝置與其他安全裝置及自動警報裝置
　　　之性能。
　　⑸冷卻、攪拌、壓縮、計測及控制等裝置之性能。
　　⑹備用動力源之性能。
　　⑺其他為防止丙類第一種物質或丁類物質之漏洩之必要事
　　　項。

　　2.配管：
　　⑴熔接接頭有否損傷、變形及腐蝕。
　　⑵凸緣、閥、旋塞等之狀態。
　　⑶鄰接於配管之供為保溫之蒸氣管接頭有否損傷、變形或
　　　腐蝕。

四、實驗室管理人員就上項定之各種設備於開始使用、改造、
修理時、應依同項目規定實施重點檢查，並依規定就⑴檢查
年、月、日。⑵檢查方法。⑶檢查處所。⑷檢查結果。⑸檢
查人員姓名。⑹依據檢查結果採取之必要整修措施事項。等
事項作成記錄，並保存三年。

五、管理人員使用特定化學設備或其附屬設備時，為防止丙類第
一種物質或丁類物質之漏洩，應就下列事項訂定工作守則並
依此實施作業。

1. 供輸物料、給特定化學設備或自該設備取出製品時，使用之閥或旋塞等之操作。

2. 冷卻裝置、加熱裝置、攪拌裝置或壓縮裝置等之操作。

3. 計測、控制裝置等之監視及調整。

4. 安全閥、緊急遮斷裝置與其他安全裝置及自動警報裝置之調整。

5. 檢點蓋板、凸緣、閥或旋塞等之接合部分有否漏洩丙類第一種物質或丁類物質。

6. 試料之採取。

7. 特定管理設備，其運轉暫時或部分中斷時，於其運轉中斷或再行運轉時之緊急措施。

8. 發生異常時之緊急措施。

9. 除前列各項外，為防止丙類第一種物質或丁類物質之漏洩所必要之措施。

六、禁止在特定化學物質作業場所吸菸或飲食，且應製造標語揭示於該作業場所之顯明易見之處。

4-4-4 特定化學物質防護措施

管理人員對製造、處置或使用特定化學物質等之作業場所，應依下列規定置備至少與實驗人數相同之防護具，並保持其性能及清潔。

1. 為防止人員於作業場所吸入該物質之氣體、蒸氣或粉塵引起之健康危害，應置備必要之呼吸用防護具。

2. 為防止人員於該作業場所接觸該物質等，引起皮膚傷害或由皮膚吸收引起健康危害，應置備必要之不浸透性防護衣、防護手套、防護鞋及塗敷劑等。

3.為防止特定化學物質等對視機能之影響，應置備必要之防
　護眼鏡。

4–5　有機溶劑

4–5–1　有機溶劑之分類

依據有機溶劑中毒預防規則，有機溶劑依危害性分為：
1.第一種有機溶劑。
2.第二種有機溶劑。
3.第三種有機溶劑。
其各類物質詳列於附錄 C4–1 之附表一。
而有機溶劑混存物則是指有機溶劑與其他物質混合時，所含
之有機溶劑佔其重量百分之五以上者。

4–5–2　有機溶劑之管理

一、實驗室管理人員或負責教師應執行下列規定事項。
1.每週應對有機溶劑作業之實驗室檢點一次以上，於有有機
　溶劑中毒之虞時，應即採取必要措施。
2.應通告實驗人員，預防發生有機溶劑中毒之必要注意事
　項。
3.檢點結果將有關通風設備運轉狀況、實驗人員作業情形、
　空氣流通效果及有機溶劑或其混存物使用情形等記錄之。
二、實驗室管理人員依規設置之閉設備、局部排氣裝置或整體換
　氣裝置應置備各該設備之主要構造概要及其性能之書面資

料；對局部排氣裝置每年應依下列規定定期實施自動檢查一次以上，發現異常時應即採取必要措施。

  1.氣罩、導管及排氣機之磨損、腐蝕、凹凸及其他損害之狀況及程度。

  2.導管或排氣機之塵埃聚積狀況。

  3.排氣機之注油潤滑狀況。

  4.導管接觸部份之狀況。

  5.連接電動機與排氣機之皮帶之鬆弛狀況。

  6.吸氣及排氣之能力。

  7.其他為保持性能之必要事項。

三、實驗室管理人員於實驗人員從事有機溶劑作業時，應依下列規定事項，公告於實驗室顯明之處。

  1.有機溶劑對人體之影響。

  2.處置有機溶劑或其混存物注意事項。

  3.發生有機溶劑中毒事故時之緊急措施。

四、實驗室管理人員或負責老師應實施下列監督工作：

  1.決定作業方法及順序於事前告知實驗人員，並指揮作業。

  2.監督個人防護具之使用。

  3.其他為維護實驗人員健康所必要之措施。

五、於通風不良之實驗室從事有機溶劑作業，發生下列事故有導致有機溶劑中毒之虞時，實驗室管理人員應即停止作業，使該實驗人員即刻採取避難措施。

  1.換氣用局部排氣裝置、吹吸型整體換氣裝置發生故障，效能降低時。

  2.實驗室內部被有機溶劑或其混存物污染時。

  因前項事故停止作業時，在現場之有機溶劑或其混存物未被完全清除前，不得使人員進入該場所。

六、實驗室管理人員每六個月應定期測定實驗室內有機溶劑濃度

　一次以上，且依下列規定記錄，並保存三年。

　　1.測定年、月、日、時。

　　2.測定方法。

　　3.測定處所。

　　4.測定條件。

　　5.測定結果。

　　6.測定人員之姓名。

　　7.依測定結果採取之防範措施。

4-6　結　論

　　實驗室意外災害、職業病或污染問題的產生，往往肇因於實驗操作者缺乏對化學品的正確資訊，盲目從事。而實驗室危害通識制度的建立，除了提供實驗室工作者「知的權利」，亦即工作者對其工作場所中存在的物質，有權知其危害性外，更可藉著物質危害資訊的正確傳遞，提高實驗室人員安全操作的意願，預防災害於災害發生之前，以達到降低風險的目標。

問題討論

4–1 何謂危害物？

4–2 試述實驗室使用化學藥品之原則，並述使用設置化學品櫃（或藥品室）之安全考量應注意事項為何？

4–3 試列出依勞工安全衛生法規定那些是危險物或有害物品？

4–4 試述如何有效管理實驗室化學藥品之儲存安全？

4–5 何謂物質安全資料表？並試述功能及其內容應包含那幾個部分？

參考文獻

1.《危險物及有害物通識規則執行人員訓練班教材》，行政院勞工委員會 (1995)。

2.《檢驗室安衛環保指引》，行政院環境保護署環境檢驗所 (1993)。

3.《學校實驗室環保安衛手冊》，教育部環境保護小組 (1991)。

4.陳文宣，《工業安全與衛生》，全華科技圖書公司 (1987)。

5.《環保展望週刊》，第二十期，p.1～p.2 (1996)。

6.《勞工安全衛生法規暨解釋彙編》，行政院勞工委員會 (1995)。

7.A. Keith Furr, *CRC Handbook of Laboratory Safety*, 4th ed., CRC Press, Inc., (1995).

8.《危害通識制度執行人員進階班教材㈠》，行政院勞工委員會 (1994)。

9.《推動勞工安全衛生工作實務手冊》，行政院勞工委員會 (1995)。

10.《工業安全專欄合訂本》，中山科學研究院工業安全委員會。

11.《化學工業安全概論》，教育部環境保護小組 (1992)。

12.倪福成，《實驗室安全衛生之探討》，中山科學研究院 (1996)。

13.鄭世岳等，《工業安全與衛生》，文京圖書公司 (1995)。

14.李文斌等，《工業安全與衛生》，前程企業管理公司 (1995)。

第五章 實驗室毒性化學物質管理

5-1　前　言

　　科技文明結果，化學物質或物品常廣泛被應用於日常生活中，多數化學物質皆因不當使用或棄置造成人體健康及環境之危害情況。由於化學品本身及相關實驗過程潛在的危害性，實驗室人員在工作環境中因直接接觸或暴露在許多不同的高濃度化學物質製程過程之中，往往具有相當高的危害性。另外，有些化學物質則於長期暴露後可能引起病變，諸如汞、鉛、多環芳香烴類等。因此，化學物質是否具有危害風險，端在如何正確安全使用這些物質。

　　化學物質污染環境之路徑或進入人體之方式而言，包括實驗過程之廢氣、廢液、廢棄物之排放，或經由食物鏈、生物濃縮、環境蓄積、工人之職業暴露，產品為其目的用途之添加其他毒性化學品，造成使用上的暴露。因此，化學物質之管理除應積極防制其經由廢氣、廢水、廢棄物，以及除經由職業暴露影響人體健康及生態環境外，更應加強事前的預防，如化學物質的污染預防、毒理試驗、風險評估及建立完善的管理制度等，而管理法規正是這些措施的基礎。然而近來，校園發生毒性化學物質事件層出不窮，如「清大學生之汞中毒事件」，及「興大放射性毒性物質案」，及最近「工研院機械所研究員汞下毒事件」等案例顯示學術研究機構對於毒性化學物質管理欠落實而亮起紅燈。

　　教育部環保小組有鑑於此，委託國立雲林科技大學進行學術機構毒性化學物質管理辦法訂定。對於各項資料及相關法令加以修正，以適用於學術機構實驗室毒性化學物質管理之依據。同時行政院勞工委員會已將教育學術機構之實驗室納入「勞工安全衛

生法」之適用範圍，故有必要更積極將實驗室毒性化學物質管理作法加以介紹。

5-2 實驗室毒性化學物質來源及特性

依據毒性化學物質管理法第一條規定[1]，一、化學物質在環境中不易分解或因生物蓄積、生物濃縮、生物轉化等作用，致污染環境或危害人體健康者。二、化學物質有致腫瘤、生育能力受損、畸胎、遺傳因子突變或其他慢性疾病等作用者，而學術機構實驗室其對化學藥品之使用雖具有少量多樣之特性，但因實驗之需要常會與此等物質接觸。雖然接觸頻率不以工業界高，但仍能具有相當高之危險性。

一、工業毒物的意義及其種類[2]

毒物學係研究物質的毒性及其作用，亦即研究各種物質對人或其他生物可能引起的反應，以及造成此種反應的機轉與條件，進而利用解析及定量等技術，預估或確定其安全使用或暴露的範圍。毒物學的研究通常可概分為：環境毒物學 (Environmental Toxicology)、經濟毒物學 (Economic Toxicology) 及法醫毒物學 (Forensic Toxicology) 三大支派。

工業毒物學為環境毒物學的一個分支，主要是在研究工作場所存在的物質可能對其人員產生的危害，並評估其暴露量劑和人體反應的關係，進而以控制和預防的手段來保護員工的健康與安全。對於實驗室人員亦應對其工作環境中可能產生之危害進行評估，且實驗室所遇到的毒物學亦為工業毒物學之一。

從以上對毒物學及工業毒物學的簡要分析，我們可以了解凡在工作場所中能引起人體之不正常反應，或使其器官功能受到傷

害甚至對生命造成威脅的所有物，均可稱為工業毒物。

　　由於毒物的種類繁多，存在的型態各異，實很難加以有系統的歸類。茲僅就較常見的幾種分類方法，說明如下。

(一)依物質毒性分類

　　物質的毒性正如沸點、融點等性質一樣，可視為物質的一種特性，依半致死劑量或半致死濃度，可將一般毒物分為：劇毒 (Extremely Toxic)、高毒 (Highly Toxic)、中毒 (Moderately Toxic)、微毒 (Slightly Toxic)、幾乎無毒 (Proctically Nontoxic) 及相當無毒 (Relatively Toxic) 六類，詳見表 5–1 毒物毒性之分級[3]。

表 5–1　毒物毒性之分級

	單一口服 LD_{50} (g/kg)	四小時吸附 LC_{50} (ppm)	人體可能致死量
劇　毒 Extremely Toxic	＜0.001	＜10	稍嚐（1 厘）=0.0648克
高　毒 Highly Toxic	0.001～0.05	10～100	1茶匙（4 C.C.）
中　毒 Moderately Toxic	0.001～0.05	100～1,000	1盎司（30 gm）
微　毒 Slightly Toxic	0.05～0.5	1,000～10,000	1 品脫（250 gm）
幾乎無毒 Practically Nontoxic	0.5～5.0	10,000～100,000	1夸脫（1/4 加侖）
相當無毒 Relatively Toxic	＞15.00	＞100,000	＞1 夸脫

(二)依毒性作用分類

　　另外則根據物質的毒性作用，將毒物分為：急性毒物和慢性

毒物，詳見表 5–2 物質毒性作用之分級。

表 5–2 物質毒性作用之分級

	急　性	亞急性	慢　性
1.暴露 持續時間	<24 小時 單一劑量	通常 2,4 或 6 星期	>3 個月
2.典型作用	單一致死劑量 臨床毒性徵兆	累積性劑量，主 要由代謝徑去 毒或排泄	延滯性作用 具潛在致癌性
3.例　　子	氰化鉀，可立 即破壞器官組 織。	四氯化碳，累積 性暴露數星期對 肝臟作用。	汞中毒，由食 物鏈受污染， 長期累積導致 慢性中毒。

(三)依危害程度分類

此外，亦有人依據毒物的危害程度，將其分為：極度危害性毒物、高度危害性毒物、中度危害性毒物和輕度危害性毒物等四級。通常是以「半致死劑量」(LD_{50}) 或「半致死濃度」(LC_{50})。前者係指在一次口服中，使實驗動物百分之五十死亡所需的劑量；後者則指在某時間內，使百分之五十實驗動物致死所需之濃度。

二、毒性化學物質及其危害[4]

凡物質進入人體後，當累積達一定的程度，導致人體組織發生生物化學或生物物理的變化，並干擾甚至破壞人體的正常生理功能，引起器官和組織發生暫時性或永久性的病理狀態，甚且危及生命者，都可稱為毒性化學物質（或簡稱為毒物）。由前一章分析，毒性化學物質在洩漏意外事件中佔相當重要的角色。

(一)毒性化學物質的來源

在實驗室上，毒性化學物質的來源是多方面的，它們可做為原料，中間體或產品；在實驗室中製造聚氯乙烯時，它的原料氯氣，中間體氯乙烯單體等均為毒性化學物質。而從苯經硝基苯來製造苯胺，則是從原料、中間體到最終成品均屬工業毒物。亦有毒性化學物質是在製造過程中產生的；如石綿加工時的粉塵，氬弧焊作業中產生的臭氧和氮氧化物等。而程序中所使用之媒介物質亦常成為災害的禍首；以水銀電解法從海水生產氯氣，在日本就曾發生電解槽陰極的水銀外洩而污染海域，造成大規模的水銀中毒。多年前發生於我國的米糠油中毒事件，即因用作熱媒的多氯聯苯因管線腐蝕破裂而滲漏，污染了加工處理的米糠油。雜質或不純物亦是毒物另一來源；電石中常夾雜著砷、磷等，而用於氣焊的乙炔氣中亦可能混有砷化氫及磷化氫等。至於工業三廢（廢氣、廢水及廢棄物）更是工業毒物的藏身處。桃園縣觀音與蘆竹鄉內共有 98公頃土地遭電鍍廢液中所含重金屬的污染。因鎘米事件，污染區內農田被迫休耕至今近十年。發生於八十三年十一月高雄縣大樹鄉的廢毒液案，因化工廠棄置的苯胺疑似物外洩，造成現場整地的工人一死一傷。

(二)毒性化學物質的物理狀態

在實驗室中，由於程序步驟之需要如加熱、加壓、粉碎、噴灑等操作，使毒性化學物質在作業場所中常以**粉塵、煙塵、霧、蒸氣及氣體**等形態存在。毒物的物理狀態直接影響其危害性及進入人體的途徑。

1.粉塵

直徑大於 1 微米的固體微粒。多為固體物質在機械粉碎、研磨、打砂、鑽孔時形成；如製造鉛丹顏料時的鉛塵、製造炭黑的炭塵等。直徑 7 微米以下的粉塵可深入人體肺部，稱為呼吸性粉塵。

2.煙塵

懸浮於空氣中直徑小於 1 微米的固體微粒。金屬在高溫熔化時逸散的蒸氣，在空氣中氧化凝結而成。如熔鉛時產生的氧化鉛煙塵等。

3.霧

為蒸氣冷凝而懸浮於空氣中的液體微粒，如酸霧；或白液體噴撒而成，如噴漆作業中霧化的有機溶劑。

4.蒸氣

由液體蒸發或由固體昇華而來。前者如苯蒸氣，後者如碘蒸氣。

5.氣體

常溫常壓下為氣態的物質。如在製造過程中逸散或產生的氯氣、氨氣、氮氧化物、一氧化碳等。

(三)毒性化學物質的理化特性

除了物理形態外，毒性化學物質**溶解度、揮發度及擴散度等理化特性與毒物的吸收及毒性**等有密切的關聯。

1.溶解度

毒性的大小與溶解度有重要的關聯，一般來說，溶解度愈大，則毒性愈強。例如三硫化二砷 (As_2S_3) 的溶解度是三氧化二砷的三萬分之一，所以三氧化二砷的毒害較大。毒物在人體內脂肪、血液、胃液及淋巴等的溶解度是不完全相同的。苯等易溶於脂肪中，因此可由皮膚直接侵入體內。磷化鉛難溶於水，但在酸

性的胃液中則溶解度為 2.5%。溶解度決定了毒物侵入與累積於人體內的方式、部位及損害程度；二氧化硫、氯、氨等較易溶於水，所以它們主要作用於上呼吸道，而氮氧化物、光氣等在水中溶解較慢，因此它們以侵襲細支氣管和肺泡為主，造成的損害亦較嚴重。

2.揮發度

物質揮發度的大小與沸點及蒸氣壓有關，蒸氣壓高的物質，其揮發度就大。揮發度大的毒性化學物質，在空氣中形成的蒸氣濃度亦高，而造成的毒害作用便越顯著。例如聯胺的毒性比偏二甲基聯胺高許多，但由於偏二甲基聯胺揮發度高，因此在通風不良的環境，偏二甲基聯胺較易引起急性中毒。

3.擴散度

粉塵狀的毒性化學物質，顆粒愈細，越易懸浮於空氣中，其擴散度亦越大，從呼吸道侵入人體造成危害的機會就越多。根據勞保局勞工保險職業病給付資料顯示，我國近十年來勞工罹患塵肺的，佔所有職業病的八成以上，實在驚人。如何改善作業環境，減少空氣中懸浮的細小粉塵就成了當務之急。

總結毒性化學物質的理化特性，毒物在身體體液中溶解度愈大，則愈易被吸收，其毒性就愈大。而揮發度與擴散度大則濃度高，其中毒的危險性就愈大。

(四)毒性化學物質的毒性

毒性是用來表示毒物的劑量與引起毒作用間的關係。在毒性研究中，常使用劑量—效應 (Dose-effect) 及劑量—反應(Dose-response) 兩種關係來表示。在工業上常引用的是劑量—反應關係；以死亡做為反應終點來測定引起實驗動物死亡所需毒物的劑量或濃度。經口服或皮膚進行實驗時，劑量單位常以 mg/kg

表示，即是每公斤動物體重需要多少 mg 的毒物。吸入濃度則以 mg/m^3（或 ppm）表示，即是每立方米空氣中含有多少 mg 毒物。在表達上，通常使用半數致死量（或濃度）LD_{50}（或 LC_{50}）來表示引起染毒動物半數 (50%) 死亡的劑量或濃度。LD_{50} 值越低，表示該物質毒性越大越危險。目前對毒性分級尚無統一的看法，表 5-3 將物質的毒性簡單的分為劇毒、毒及低毒三級，此種分類方式為一般工業界常採用者[4]。世界衛生組織針對農藥的急毒性，規定 LD_{50} 20 mg/kg 以下為劇毒物品。

表 5-3　化學物質毒性分級

級　別	警　　告	LD_{50},口服 (mg/kg)	LD_{50},皮膚 (mg/kg)	可能致死口服量
劇　毒	危險—劇毒	<50	<200	數滴至 1 茶匙
毒	有毒—警告	50～500	200～2,000	約 1 至 8 茶匙
低　毒	注　意	>500	>2,000	約 8 茶匙以上

由於毒性物質之毒性常會改變身體組織或器官之正常功能，因此毒性也常以組織器官功能做分類，如表 5-4 所示[5]。

表 5-4　受害器官（組織）與症狀

項　目	受害器官（組織）	常見症狀
呼吸毒	鼻、氣管、肺	刺激、咳嗽、窒息、胸部緊悶 (Tight Chest)
胃腸毒	胃、腸	頭暈、嘔吐、腹瀉
腎臟毒	腎	背痛、小便次數反常、尿液顏色失常
神經毒	腦、脊椎、行為	頭痛、眩暈、精神錯亂、意氣低沉、昏睡（不醒人事）、痙攣。
血液毒	血液	貧血（疲倦、軟弱）
皮膚毒	皮膚、眼	發疹、癢、發紅、腫
生殖毒	卵巢、精巢、胎兒	不孕、流產、生產畸型幼兒

三、進入人體的途徑

　　毒性物質與人體接觸的方式，不外乎吸入、吞食及皮膚接觸等三種，由於進入之途徑不同，其在體內作用也有所差異。例如，鉛由食物經消化道進入人體，則約 5~10%被血液所吸收，但若藉由呼吸進入人體，則約 30~40%可進入血液。因此，對毒性物質進入人體的途徑，有必要作一深入的了解[5]：

㈠吸入

　　有毒氣體、蒸氣、粉塵、煙霧等由氣管至肺，沈降後會發生窒息，或引起氣管浮腫、肺癌、肺壞疽，有的則隨血液循環，作用於末端細胞，或與血液反應，阻礙血液的攜氧量。

　　經由呼吸接觸之毒物，可經由多次的曝露對人體造成相當程度的傷害，一般的公害病亦多屬此類，如「矽肺」或「石綿肺」。同樣的，家庭殺蟲劑之危害也是可由肺泡吸收，故在噴灑時應特別注意，避免直接吸入。

㈡吞食

　　有毒氣體、粉塵、浮游塵亦可經由食道進入消化系統，對胃腸造成傷害。物質經吞食後進入消化道，也可能由消化道吸收而進入血液。一般誤食的原因，可能是以口呼吸而吃進微量有毒物質，或衛生習慣不良，在實驗室內抽煙、飲食或實驗後沒有清洗雙手等。但，有時腸胃道中的消化液與各種酵素可能將毒物水解或代謝成毒性較低的物質，因此，以吞食方式進入人體而產生中毒的情形，以吸入或皮膚接觸為較罕見的。

(三)皮膚接觸

由於皮膚包覆全身，總面積達 3,000 平方吋，故經由皮膚吸收，或滯留皮膚，或滲透入體內，是藥品中毒最大的原因。醇 (Alcohol)、酚 (Phenol)、硝基苯 (Nitro Benzene)、苯胺 (Aniline) 等可由蒸氣方式直接由皮膚吸收。無機酸、強鹼可局部破壞表皮組織，引起皮膚發炎、起水泡及壞死的現象，有些甚至深入內部組織，與血液、淋巴液混合成為細胞毒、神經毒、血液毒。若皮膚表面有傷口，則吸收更快，例如作為染髮劑的對苯二胺 (*p*-Phenylene Diamine)，若頭部有搔傷，則可因微量吸收而致命。

5-3 實驗室毒性化學物質危害預防[4]

5-3-1 毒性化學物質危害作用

毒性化學物質進入人體後，通過各種屏障到達組織器官中，干擾或影響其正常機能，產生毒理作用，而危害人體健康。中毒的機制有下列數種：

一、干擾酵素系統

生化過程是構成生命現象的基礎，其中酵素佔有極重要的地位。毒物可經由各種機制來抑制或阻斷酵素的活性，從而干擾了維持生命所需的正常代謝過程導致中毒症狀。不久前，日本地下鐵毒氣事件的主角沙林 (Sarin) 即為此類毒物。在農藥工業上，沙林是製造有機磷殺蟲劑的中間體。有機磷農藥的滲透力強，進

入生物體後，緊附在乙醯膽鹼酵素 (Acetylcholines Terare) 上使其磷酸化而失去活性。乙醯膽鹼酵素的作用是分解運動神經、交感神經和副交感神經末梢的乙醯膽鹼，否則乙醯膽鹼蓄積在神經末梢，將使神經中毒而干擾其正常功能；引起肌肉痙攣、呼吸困難、出汗、瞳孔縮小、尿失禁、下痢等症狀。

二、阻斷氧的吸收與運輸

氧是新陳代謝的必需物質。氧經由呼吸，透過肺泡進入血液，再由血液白紅蛋白輸送至組織細胞。任何一個環節受阻，都將造成組織缺氧。單純的窒息性氣體，如氫、氮、甲烷等，當它們含量大時造成氧分壓降低，而使生物體呼吸不到足夠的氧氣而窒息。刺激性氣體如氯氣、光氣造成肺水腫而使肺泡氣體交換功能受阻。一氧化硫、苯胺、硝基苯、硫化氫等則與血紅蛋白有特殊親和力，使其失去正常攜氧能力，使紅血球失去輸氧功能。

三、干擾去氧核糖核酸 (DNA)

DNA是細胞核的主要成份，貯存了生物遺傳信息。毒物作用於 DNA 改變其特性而產生突變及致癌作用。如鉛、有機汞等證實會造成基因突變。

四、局部刺激與腐蝕作用

在侵入部位，直接與組織成份發生化學反應，造成局部性損傷。低濃度時為刺激作用，如眼、呼吸道粘膜刺激等。高濃度的強鹼、強酸則造成腐蝕甚至組織壞死作用。

五、組域性中毒

此類毒性物質直接損壞細胞結構，而使整個器官組織壞死。

肝、腎中所含毒物濃度往往較高，因此較易發生組織病變。例如四氯化碳可引起肝臟壞死，汞類化合物可造成腎臟衰竭。

六、致過敏作用

生物體對化學物質的過敏反應涉及生物體本身免疫機制的過度反應，而有別於一般的毒性反應。當外界有異物（抗原）侵入時，誘發免疫系統產生抗體與之對抗，是生物體本身防衛體系的正常表現。在抗原—抗體的反應中，常釋放出組織等物質，它們就是引起過敏反應的物質。如甲醛、硫氫酸鹽及甲苯二異氰酸酯等，可誘發呼吸道的過敏性哮喘。

5-3-2　影響毒性化學物質作用的因素

任何毒性化學物質必須進入體內且累積達一定的劑量，才產生預期的毒理作用。不少因素都能影響其實際作用的效果。茲將較重要者擇要討論如下：

一、吸收

毒性化學物質經由呼吸道、皮膚、消化道的吸收後，才能進入體內，再由循環傳佈全身，造成廣泛的毒效。否則不會被吸收，則只能造成局部性的刺激或腐蝕作用。一般而言，吸收愈快的毒性化學物質則毒效愈大。一旦與毒性化學物質接觸後，防止其毒害最有效的途徑是阻止該毒物被身體吸收。

二、分佈

毒性化學物質經吸收後移轉至體內其他器官的現象。有些毒物在體內均勻分佈。有些則集中於骨質、肝、腎等特定器官或

體內脂肪組織中。如量太大，將會引起個別器官病變或功能的喪
失。

三、排除

　　即是經由代謝或排泄將體內毒物排出。一般而言，愈容易
排出體外的毒物，愈不容易在體內累積至產生毒害的劑量。因此
一旦受毒性化學物質感染，應設法加速其排除速率。如毒氣中毒
者，應立即將患者移至空氣新鮮處或帶上氧氣罩，這樣不但阻止
了繼續吸收毒物，且由於空氣中毒物的分壓降低而促使體內毒物
經換氣排出體外。

四、累積

　　當毒性化學物質的吸收量大於排出量時，會發生累積在體內
現象。

五、毒性化學物質本身的特性

　　物質本身的化學結構、理化性質、劑量及物理狀態都將影響
其作用的程度與部位。

六、毒物的聯合作用

　　有時環境中存在不只一種化學毒物。多種毒物在一起，通常
表現出協同作用和拮抗作用。前者係增強，後者是減弱。協同作
用又可再分為相加作用和相乘作用。相加作用指混合毒物的毒效
等於各個毒物單獨毒效的總和；而相乘作用則指混合毒物的毒效
遠超過各個毒物單獨毒效的和。在規劃工業生產的安全維護時，
考量毒性化學物質的協同作用較具安全實質意義。如進行苯的氯
化反應時，反應物苯與氯混合的實際毒性，由於協同作用而大大

增強。因此操作時要格外注意避免意外洩漏。

七、作業環境

在作業環境中，毒物的毒性及其作用，亦受環境溫度、壓力、濕度等條件的影響，溫度越高，毒物作用表現越強。尤其是揮發性物質，這種表現最明顯。在高溫環境下，人的解毒過程亦較緩慢。此外，氣壓增高有助於體內毒物的溶解，容易使人中毒。

八、個體因素

除外界因素外，個人身體狀況、年齡、遺傳體質等與個人對毒物的耐受性與敏感性有很大的關係。患有呼吸病者較易發生刺激性氣體的中毒，且中毒後較難恢復。有代謝障礙或肝腎疾病者，解毒和排泄機能弱，比較容易中毒。

5-3-3　毒性化學物質與中毒

一、急性中毒

指在短時間接觸高濃度毒物所引起的中毒。一般發病很急，病情較嚴重，變化亦快，需要立刻送醫急救，如一氧化碳、氯、苯胺造成的中毒，急性中毒大都於操作意外中發生。表 5-2 列出數種工業上常見的毒性化學物質的中毒機制與急性中毒的臨床表現。

二、慢性中毒

指長期持續地接觸低濃度毒物，逐漸發生的病變。是由於

毒物或器官損害逐漸在體內累積所致。初期病情不顯，病程發展也較慢。所以很容易被忽略不能及時發現或被誤診。可是一旦發病，往往已無法治癒。塵肺就是典型的慢性職業病。同一毒性化學物質所引起急性中毒與慢性中毒，其病狀可以是相同，也可以明顯的不同。視毒物在體內累積與分佈的狀況而定。如二硫化碳；無論是在急性中毒或慢性中毒均作用於中樞神經系統。而磷在急性中毒時主要是損害肝臟；在慢性中毒時則主要是骨骼受損。

5-3-4　實驗室毒性化學物質危害評估[6]

毒性化學物質的管理屬於一種危險性管理 (Risk Management)。

危險性評估包括四個步驟：

　　1.危險性之鑑定 (Hazard Identification)。

　　2.劑量—效應之評估 (Dise-effect Assessment)。

　　3.暴露量之評估 (Exposure Assessment)。

　　4.危險度之評估 (Risk Characterization)。

一、危險性之鑑定 (Hazard Identification)

㈠危害鑑定的要素

危害性鑑定是一種定性之風險性評估，主要針對污染物質之固有毒性作一確認。進行危險性鑑定時，污染物質之毒物資料可由以下四方面取得：

　　1.流行病學研究資料。

　　2.動物實驗資料。

3.短期試驗資料。

4.分子結構比較。

㈡致癌物質之鑑定與分類

凡經由流行病學觀察及臨床診斷可以證實的致癌物質稱為「人類致癌物」，而于流行病學證據，或只有相當有限之臨床觀察的「充分致癌證據」之物質歸類為「可疑的人類致癌物」。其應只有一種動物或一種實驗報告之可疑致癌物質歸於第三類，即「致癌物質有限」。

二、劑量—效應之評估(Dise-effect Assessment)

㈠劑量—效應評估要素

1.資料選擇。

2.數學外插模式的選擇。

3.不同動物間採用等質暴露單位。

三、暴露量之評估 (Exposure Assessment)

暴露量評估是指量測或估計人類在暴露在某一存在環境中化學物質之期間、頻率及強度之過程，或者是指估計某一些新化學物資進入環境中而可能增加之假設 (Hypothetical) 暴露量。

㈠暴量評估的基本概念

1.暴露、攝入 (Intake)、攝取(Uptake) 及劑量。

2.暴露定量方法進行暴露量估計之方法：

⑴接觸點量測方法。

⑵暴露狀況評估方法。

　　(3)重設內在劑量進行暴露量估計方法。

(二)暴露量評估作業需求

　　完整之暴露計量評估包括下列六項工作:
　　1.單位化學物質或混合物之基本特性。
　　2.污染源。
　　3.暴露路徑及環境宿命 (Exposure Pathways and Environmental Fate)。
　　4.量測或估計的濃度 (Measured or Estimated Concentrations)。
　　5.暴露族群 (Exposed Populations)。
　　6.整體暴露分析 (Integrated Exposure Analysis)。

四、危險度之評估 (Risk Characterization)

　　所謂危險度評估 (Risk Characterization) 係針對危害性鑑定、劑量評估及暴露量評估之結果。

　　危險度評估包含二個部分: 第一部分為風險度數值之評估,第二部分用來判斷風險度之顯著性行為 (Significance of the Risk) 的完整架構。

　　風險度數值之評估可用下列三種方式:
　　1.單位危險 (Unit Risk)。
　　2.劑量相當於某一定之危險程度。
　　3.個體及族群之危險度。

5-4　毒性化學物質管理

　　學術機構是學習新知識的地方, 許多重要的學理都必須藉

由研究、實習或實驗來印證。為了讓學習更順利進行，常需用到各種化學藥品、器具及設備，由於研究領域及層次日益專精深入，所使用的化學藥品種類也日益增多。其中，毒性化學物質會對環境造成嚴重污染，並對人體及生物造成明顯而長期之危害。因此，如何做好學術機構毒性化學物質之管理，可說是當前重要的課題，也是本節所提及制定的目的。我國現行毒性化學物質管理法係針對業界少樣多量之毒性化學物質的制定輸入、販賣等行為來規範，而學術機構所使用之毒性化學物質為多樣少量且純粹作為學術研究之用，與業界之情形相去甚遠。是故，毒性化學物質管理法第二十六條明訂「政府機關或學術機構，運作毒性化學物質，依下列方式之一管理之：一、由該管中央機關會同中央主管機關另定辦法。二、由該管中央機關就個別運作事項提出管理方式，經中央主管機關同意者」。該條文中，學術機構係指政府登記有案之各級公私立學校及不以營利為目的之教育部所屬機構（環保署八十六年十一月十九日環署毒第八九○○二四九七○號函示意）。換言之，學術機構使用毒性化學物質管理辦法應考慮到學術機構特性，以做好毒性化學物質相關之安全、衛生的工作。

一、毒性化學物質管理法規[5]

政府有感於毒性物質的種類與流布，隨工業發展而日益增多，故於民國七十五年及七十八年先後公布毒性化學物質管理法及其施行細則，予以加強毒物的管理，並且於民國七十九年，發布毒性化學物質使用管理措施，八十年則發布毒性化學物質運送管理辦法。於八十七年重新修訂毒化物管理施行細則及運送管理辦法，同時針對環境保護專責單位及人員設置訂定辦法。

毒性化學物質管理法請見附錄 C5-1 及其施行細則詳見附

錄 C5-2，分總則、管理、罰則及附則共五章四十四條。其中，於總則中述及對毒性化學物質的定義為：指工業上產、製、使用之有毒化學物質，經中央主管機關公告者。至於公告條件，於第二章中規定：㈠化學物質因大量流布、環境蓄積、生物濃縮、生物轉化或化學反應等方式，致污染環境或危害人體健康者。㈡化學物質經實際應用或學術研究，證實有導致惡性腫瘤、生育能力受損、畸胎或遺傳因子突變等作用者。據此，截至民國八十六年十月六日止環保署公告列管了六十一種毒性化學物質，如附錄 C5-3 所示。然而，若考慮被運作化學物之特殊性及取代性，難保每一種重要毒物都在控制之中。因此，環保署於八十六年度起對毒性化學物質之管理做一大變革，亦即其公告方式一改過去負面表列，改採正面表列。以往國內毒化物採負面表列，除對少數運作行為禁止限制外，不在其列表範圍內的目的用途，即可任意使用，如此一來，毒化物之流布便不易掌握。改採正面表列後，毒化物被允許使用的各項用途將以表列方式公告，若不在公告允許的用途範圍內之運作行為，將被禁止。因此，將來毒化物的管理將更嚴格。

對於毒管法中的管理規章，其對毒物的管制乃是從登記、紀錄申報及查核三方面著手。

㈠登記制度

對於毒性化學物質之製造、輸入或販賣應向中央主管機關審察登記，取得許可證後才能運作。但若有污染環境或危害人體健康的情形，則可撤銷其許可證。毒化物之運作場所及容器，應有標示及防治措施，同時其運作過程中，也應有警報設備及專業技術人才。

(二)紀錄申報制度

應詳實紀錄毒性化學物質之運作及購買者資料，並妥存備查。毒化物若發生污染環境或危害人體健康時，應立即採取緊急防治措施，並於六小時內報知當地主管機關。當毒化物停止運作時，也應將剩餘之毒物依法處理，以策安全。

(三)查核制度

主管機關得派員至毒性化學物質之運作場所，查核其實際運作情形，並抽檢樣品。若發現有違反規定、污染環境或危害人體健康之疑者，並得暫時封存。

二、實驗室常用毒性化學物質之管理[7]

學術機構基於實驗印證理論之需要，在不得已的情況下使用毒性化學物質時，必須有完善的管理系統，才能將意外發生的機率降至最低。

目前環保署依毒性管理法管制的是以工廠為主，學術機構並不在管制之內，但各學術機構仍應本著毒管法之精神制訂管理辦法。

其管理運作方式，如圖 5-1 組織架構圖建立其運作之模式，確定學術機構毒性化學物質危害預防諮詢委員會設置的需求，以審議學術機構使用毒性化學物質之必要性，解決毒性化學物質管理相關之各種疑難雜症，及提供本辦法相關規定之建議事項。本管理辦法（草案）依母法第二十六條第一項第一條授權訂定，草案內容包括教育行政機關及高中職（含）以下之公私立學校使用化學物質之規定、教育部及學術機構管理權責、申報運作紀錄、

核可使用毒性化學物質之規定、標示及圖示、儲存量與儲存方式之規定、設置專業技術人員之規定，全文共二十條，如附錄 C5-4 所示。

學術機構毒性化學物質管理辦法基於母法訂定之辦法具有以下之特點：

1. 本辦法係依據本法第三十九條授權訂定，故可視學術機構毒性化學物質管理現況的需求適當訂定。原則上本辦法應優先於本法之其他條款；例外時，於本法內明文敘述。

2. 違反本法者，依本法第三十五條第四款規定辦理。

3. 確定各學術機構可依本法第四條規定，另訂毒性化學物質管理方法，經中央主管機關審定後，據以執行。

4. 確定保全措施之規格，以便追蹤系統之運作及蓄意之行為。

5. 確定使用記錄或實驗記錄之規格，以便追蹤毒性化學物質使用或實驗之狀況。

6. 確定專款專用及量力而為的經費需求，以確保毒性化學物質的管理工作的可行性。

7. 確定諮商輔導的需求，先防範人員心理狀況異常所可能造成的毒性化學物質事故。

8. 確定毒性化學物質管理通識教育的需求，使學術機構相關人員，能瞭解毒性化學物質的潛在危害及預防措施，以達到全面防範毒性化學物質危害之目的。

9. 確定學術機構毒性化學物質危害預防諮詢委員會設置的需求，以審議學術機構使用毒性化學物質之必要性，解決學術機構毒性化學物質管理相關之各種疑難雜症，及提供本辦法相關規定之建議事項。

10. 確定文件上管理之記錄及備查需求，確保毒性化學物質管

理的可追溯性及危害相關資訊的透明化。

5-5　結　論

　　實驗室意外災害、職業病或污染問題的產生，往往肇因於實驗操作者對於化學品的錯誤資訊，盲目從事。透過毒性化學物質管理法規落實執行，並配合毒物來源及理化特性介紹，毒物危害預防及評估，使毒物運作人員瞭解其危害性及管理制度落實的重要性，以期能防止校園毒化物災害，保障校園教職員工及學生安全與健康，建立適當作業程序，並維持毒化物安全舒適的工作環境之宗旨目標而努力。

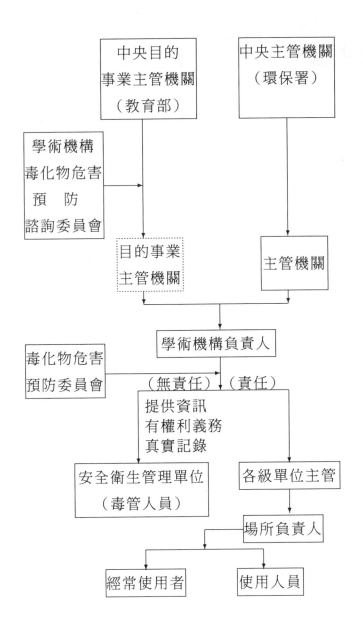

圖 5-1　組織架構

問題討論

5–1 毒性化學物質有那些途徑進入人體？何者危險性較大？

5–2 試述毒性化學物質管理法之制定精神及其對毒物的管制可從幾方面著手？

5–3 試依您目前所服務之單位關於毒性化學物質管理組織與架構圖作一說明其管理流程。

5–4 試述目前學術機構毒性化學物質管理辦法草案具有那些特點？

5–5 試述目前學術機構毒性化學物質管理重點有那些？

參考文獻

1.《毒性化學物質管理法規》，行政院環境保護署 (1993)。

2.楊昌裔，《工業安全與衛生》，育有圖書公司 (1996)。

3.《危險物及有害物通識規則執行人員訓練班教材》，行政院勞工委員會 (1995)。

4.毒性化學物質管理訓練班第一週講義，環境保護人員訓練所行政院環境保護署 (1995) 。

5.《實驗室安全衛生環境管理手冊》，教育部環保小組(1997)。

6.毒性化學物質管理訓練班第二週講義（續），環境保護人員訓練所行政院環境保護署 (1995) 。

7.《八十七年度大專校院環保安衛暨毒性化學物質管理訓練班》，工業技術研究院工業安全衛生技術發展中心 (1997)。

第六章　危險性機械設備管理

6-1　前　言

在實驗室中，難免會使用機械器具對工件進行加工，因此在實驗場所內發生的意外事故中，有些是由於機械器具所造成的。而由機械器具所致的意外包括被夾、被捲、被切、被割、被撞等。要預防機械對人員所造成的傷害，先要了解機械傷害的性質與種類，以及機械安全防護的類型與方法，進而就機械的特性選擇合適的安全防護設計。

其中危險性機械設備系統，包括危險性機械及危險性設備二部份。此等機械設備，因其潛在危害比一般機械設備為高，故其對於安全的要求亦比一般機械設備嚴格，在本文將依序介紹一般機械設備危害，及危險性機械設備系統。

6-2　機械危害與防護

在工業自動化的今日，機械設備使用已成為生產不可或缺的幫手，在實習工廠中使用機械設備機會更高，因不安全的動作及不安全因素所造成的物理性傷害事件也愈見嚴重。對於設備環境作事前妥為規劃、設計，購置、裝設以符合規定，同時應依需要定期評估、檢查，才能確保機械設備之安全化，以防範災害於未然。通常實驗室機械設備可分為危險機械設備及一般機械設備二部份。各部份所引起的傷害程度會有所差異，其防護標準法令規定亦會有所不同。

而依安全衛生法第八條及施行細則第十四條、第十五條規定，鍋爐、壓力容器及起重機、升降機類之危險性機械設備使用

應先經檢查機構或政府指定代行檢查機構檢查合格後方可使用，而且在使用一段期間後，亦必須再經檢查才能繼續使用。此外各學術機構應依規定實施自動檢查，並應建立檢查、追蹤、管理之制度。落實法令規定，防止各種危害發生。上述危險機械設備除應加強自動檢查制度外，更應加強配合安全防護的工作，從各安全角度及觀點採取適當有效的防護措施，使實際工作者能安心操作機械設備。另外，實習工廠或實驗室，除了有危險性機械設備外，尚有其他一般機械設備及設置之場所，此類機械設備及場所在設計、購置時就應符合勞工安全衛生法各項附屬規章之規定，尤其安全衛生法第六條及細則第九條規定之衝剪機械、手推刨床、木材加工用同盤鋸、堆高機、研磨機等中央主管機關所訂防護標準之機械器具，如不符合規定，不能提供使用；而綜觀機械防護目的如下[1]：

1. 避免當機械或電氣操作失控時所造成的傷害。
2. 避免因操作人員個人因素所造成的意外傷害如疲倦或疏忽。
3. 避免機械不安全環境所造成的傷害例如操作點，捲入點及運動組件等等可能發生危害之部份或接觸。
4. 避免人員在操作中被斷裂物，火花或飛屑等造成傷害。

機械設備的防護除可達到以上之目的外，並且可消除操作人員對機械操作之恐懼心理，人為失誤，及提高工作效率。

6-3 機械危害事故之防止

機械危害對人體造成物理性傷害有偏高趨勢，分析其原因在於缺乏良好管理所造成不安全行為及不安全環境，應透過安全管理去防止消除不安全環境及不安全行為。而事故的防止，主要可

行的政策可分為以下四項:

> 1.消除由機械設備、工作方法、物料及建築物等所產生的危害因素。
>
> 2.阻絕及防護危害發生的來源。
>
> 3.適時提供個人防護具。
>
> 4.實施工作安全教育訓練。

6-3-1　機械危害事故的原因分析

　　由於學術機構實習工廠之機械缺乏良好管理而造成機械危害事故產生，因此如何消除阻絕防護機械危害事故可依其不安全環境及不安全行為等二方面作一討論分析。

一、不安全環境

㈠機械危害動作及部位

　　在作業環境及機械設備中，危害事故的發生動作及部位，主要發生在動力傳送機件捲入點，移動機件及危險機件操作點等，分別作以下說明:

1.動力傳送機件捲入點

　　由於機件產生相對運動或部份固定及部份移動時，將產生捲入點，當穿戴衣物寬鬆不適合時，即有被捲入之危險。例如齒輪（如圖 6-1）；齒輪組（如圖 6-2）、齒輪條組（如圖 6-3）、皮帶輪組（如圖 6-4）、鏈輪組（如圖 6-5）、軋輥（如圖 6-6）及其他（如圖 6-7）。

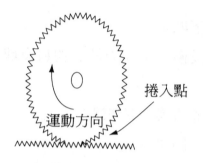

圖 6-1　齒輪捲入點

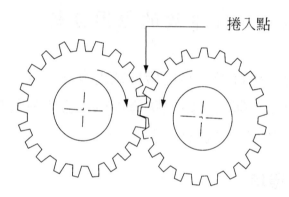

圖 6-2　齒輪組轉動捲入點

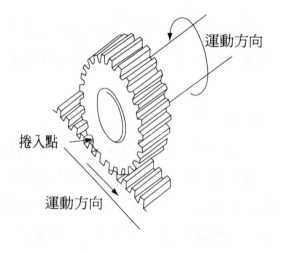

圖 6-3　齒輪條組捲入點

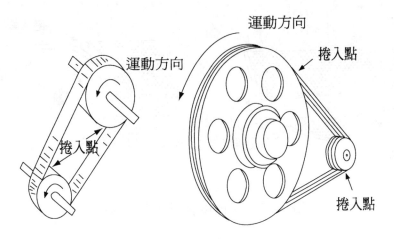

圖 6-4　皮帶輪組轉動機件捲入點

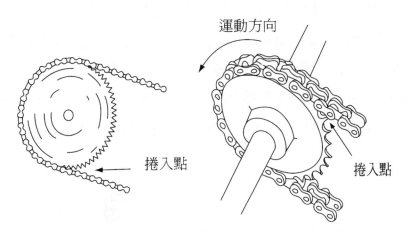

圖 6-5　鏈輪組轉動機件捲入點

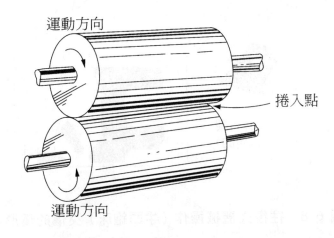

圖 6-6　札輥轉動捲入點

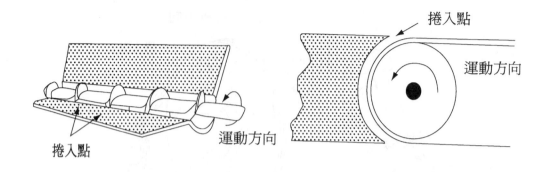

圖 6-7　其他機件轉動捲入點

2.移動機件

　　操作中之各種機件運動動作，均可能對人體造成傷害。在往復運動中之機件如牛頭鉋床，其操作可能造成撞傷或夾傷等事故如圖 6-8 所示。而直線式運動機件如輸送帶（如圖 6-9），鏈條、傳動皮帶等可能造成擦傷等事故，而對於帶鋸及圓盤鋸之切割動作（如圖 6-10 所示），可能造成擦傷、割傷等事故。

圖 6-8　往復式機械操作（牛頭鉋床）夾傷的情形

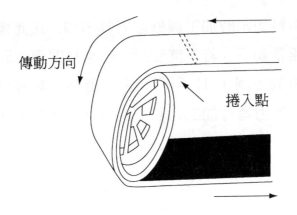

圖 6-9 輸送帶的直接運動

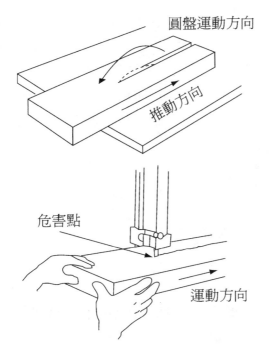

圖 6-10 帶鋸與圓盤鋸的切割

3.危險機件操作點

危險機件操作係指加工機械上其裝置與工作物料接觸部份,如切割、衝壓、裁剪、彎曲等機械均可能造成傷害。在金屬、木

材或其他物料切割時加工機械之刀具刃口。在此操作點由於在機
械動力高速帶動下，若不慎觸及，極易被割傷或肢體被切斷造成
嚴重意外事故如圖 6-11 所示。對於衝壓、裁剪和彎曲之機械係
以快速之衝擊力進行加工，若不注意常易造成手部之嚴重傷害如
圖 6-12。

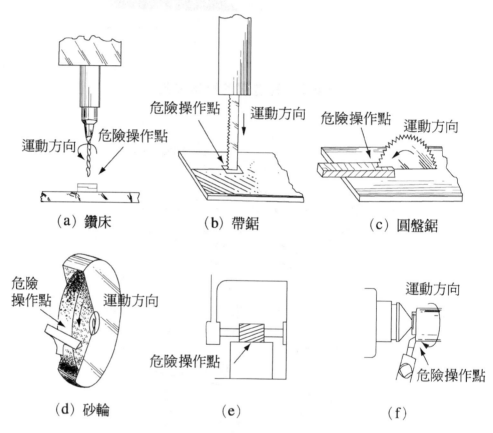

圖 6-11　危險切割機件操作點

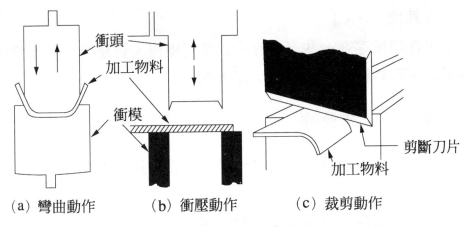

(a) 彎曲動作　　　(b) 衝壓動作　　　(c) 裁剪動作

圖 6-12　危險彎曲、衝壓、裁剪機件操作點

(二)不良的作業環境

不安全環境因素係指由於機械佈置不當，作業場所不清潔、採光照明不足、危害性大氣環境或其他不良環境因素造成不良的作業環境。

不安全環境因素所造成之影響如下所示：

1.機械佈置不當

在工作場所有限空間下，如未充分考量工作空間，及其動線規劃之需求，極易造成操作人員之機械夾傷，絆倒及頭部碰傷等事故。

2.作業場所不清潔

由於操作人員疏忽，致使工作場所地面含有油污及雜物堆置下，易造成人員滑倒碰傷之虞。

3.採光照明不良

係為影響操作人員視覺能力易造成事故。

4.危害性大氣環境

工作場所充滿氣體、粉塵、燻煙和蒸氣等物質易造成危害性作業環境空氣品質。

5.其他

工作場所存在一些高度噪音，易使操作人員精神疲勞及體能減退，而容易造成人員疏忽引起傷害。

(三)機械不正常動作

在異常的機械動能下，由於操作人員在無防備條件下，極易受到嚴重傷害，一些影響機械不正常動作之因素有：

1.機械本身設計不佳或調整維護不當。

2.機械控制系統失效而造成不正常動作。

3.機械故障而造成不正常動作。

二、不安全行為

因為不安全行為造成機械傷害事故，其可能因素如下所示[2]：

1.使用有缺陷之機具。

2.使用機具方法不當。

3.未使用個人防護具。

4.未獲得適用之工具。

5.在工作中開玩笑。

6.不正確之提舉。

7.不正確之裝載機具或物料。

8.使安全防護失效。

9.在不正確速度下操作機具。

10.向運轉中機具進料或取料。

11.未獲授權進行操作工具。

12.採取不正確之工作姿勢。

13.酗酒或吸食麻醉劑。

6-3-2　機械安全防護的類型及方法

　　學術機構實習工廠之工作場所機械設備可能存在有不安全行為之因素而易造成機械危害事故發生，如何防止機械傷害發生，應從機械安全設計，機械安全裝置，及機械安全護罩等方面考量[3]。

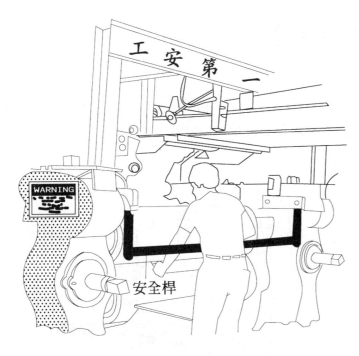

圖 6-13　設置安全裝置

一、機械安全設計

　　機械安全設計之基本原則即讓一位毫無經驗生手在操作時也不會發生任何傷害。因為學校為教育單位，以訓練教育為主，更應注重機械安全設計。基本上，欲達到安全設計之原則，應考量

以下之因素：

1. 須符合勞工安全衛生法令及國家標準的規定。
2. 防止在機械操作時手臂或身體任何部位直接接觸操作中之機件。
3. 便於檢查、保養與維修。
4. 機械安全防護設計應使操作人員操作方便，且提供安全舒適之環境（如減少噪音，防止墜落物傷害）。

二、機械安全裝置

所謂「機械安全裝置」係指利用機械動作原理，感測裝置、遙控操作及已改善自動進出料操作等裝置來確保機械操作之安全。其各項裝置之原理如下說明[3]：

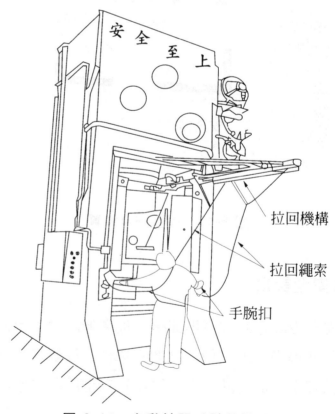

圖 6-14　自動拉開手臂的裝置

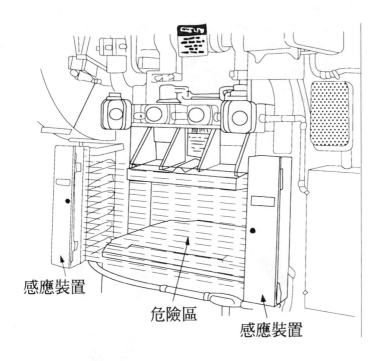

感應裝置

危險區

感應裝置

圖 6-15　感應遮斷裝置

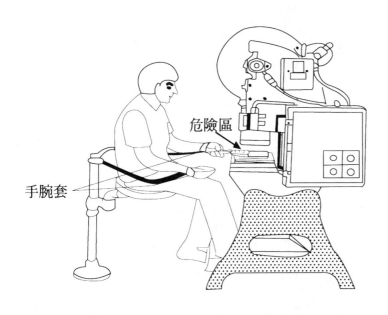

危險區

手腕套

圖 6-16　控制雙手操作範圍裝置

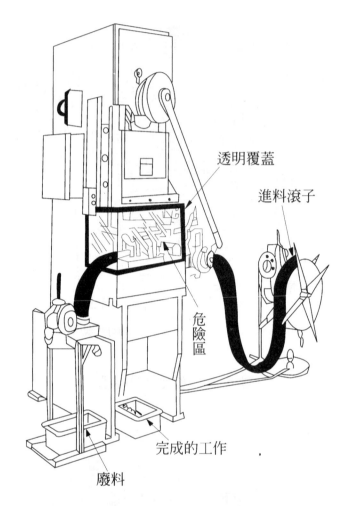

透明覆蓋

進料滾子

危險區

完成的工作

廢料

圖 6–17　(a)全自動進料

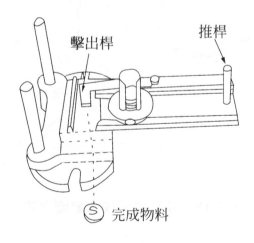

擊出桿

推桿

Ⓢ 完成物料

圖 6–17　(b)機械半自動出料

1. 當人體的任何部位進入危險區域時以機械動作自動將身體部位拉回或撥開。

2. 當人體的任何部位進入危險區域時，機械感測裝置能迅速將機件立即自動停止動作。

3. 以遙控操作及自動進出料方式避免人體任何部位與機械接觸以減少事故產生。

三、機械安全護罩

以護罩、護圍、護蓋、柵門及各種警示用障礙物來分隔人體與機械之危險部位及地區直接接觸稱之為機械安全護罩。配合上述機械安全設計及機械安全裝置，達到機械安全防護之標準。其安全防護原則如下所述：

1. 安裝自動推開或拉開手臂的裝置（如圖 6-13 及圖 6-14）。

2. 設置一旦操作人員的人體任何部位進入危險區域時，緊急感測制動或遮斷機械運動旳裝置（如圖 6-15），可立即停止機械動作防止傷害發生。

3. 安全遙控操作的裝置（如圖 6-16）。

4. 改善機械進出料裝置（如圖 6-17）。

5. 設置護罩（如圖6-18）、護圍（如圖 6-19）、柵門及警示障礙物（如圖 6-20 及圖 6-21）予以阻絕。

基於以上安全防護原則，行政院勞工委員會為使雇主提供合於安全標準機械器具供操作人員使用，特訂定「機械器具防護標準」，在本標準中，對衝剪機械、手推鉋床、木材加工用圓盤鋸機、研磨機及堆高機等機械設備訂定安全防護措施及裝置之最低標準，如附錄 C6-1[4]。

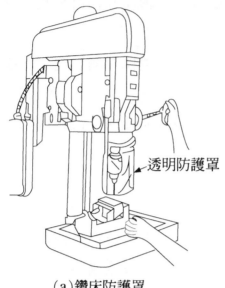

(a)鑽床防護罩

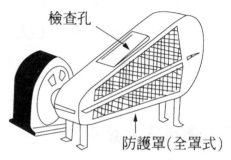

(b)馬達及傳動帶防護罩

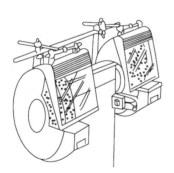

(c)磨輪防護罩

(d)車床作業防護罩

圖 6-18　防護罩設備

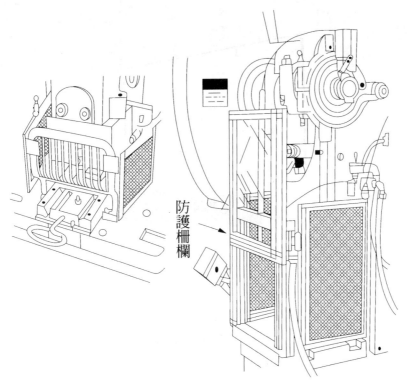

防
護
柵
欄

（a）衝床防護圍欄

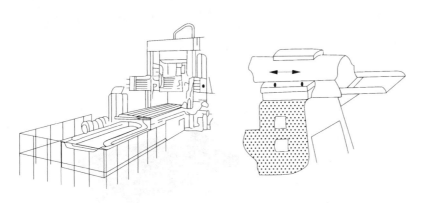

（b）龍門鉋床防護圍欄　　（c）牛頭鉋床防護圍欄

圖 6-19　防護圍欄

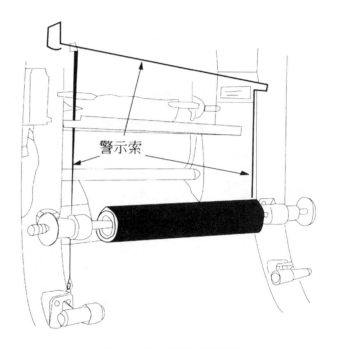

圖 6-20　警示障礙物

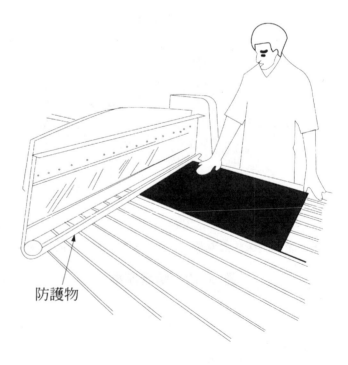

圖 6-21　裁斷機的隔絕防護物

6-4　危險性機械的認知

依據勞工安全衛生法所訂之危險性機械及設備安全檢查規則，其所適用之危險性機械係指固定式起重機、移動起重機、人字臂起重桿，升降機、營建用提升機及吊籠等。並在起重升降機具安全規則中，針對於此等危險性機械安全有詳細之規定。茲將以上各項危險性機械之定義概述如下[5]：

1.固定式起重機

固定式起重機係指在特定場所將貨物吊升並將其作水平搬運為目的之機械裝置。

2.移動式起重機

移動式起重機係指能自行移動於非特定場所並具有起重動力之起重機。

3.人字臂起重桿

人字臂起重桿係指以動力吊升貨物為目的，具有主柱、吊桿，另行裝置原動機，並以鋼索操作升降之機械裝置。

4.升降機

升降機係指乘載人員及（或）貨物於搬器上，而該搬器順沿軌道鉛直升降，並以動力從事搬運之機械裝置。但營建用提升機、簡易提升機及吊籠，不在此限。

5.營建用提升機

營建用提升機係指於土木、建築等工程作業中，僅以搬運貨物為目的之升降機。但導軌與水平之角度未滿八十度之吊升捲揚機，不在此限。

6.吊籠

吊籠係指由懸吊式施工架、升降裝置、支撐裝置、工作台及其附屬裝置所構成，專供勞工升降施工之設備。

6-5 危險性機械的安全管理

依據勞工安全衛生法第八條規定：「雇主對於經中央主管機關指定具有危險性之機械或設備，不得使用；其使用超過規定期間者，非經再檢查合格，不得繼續使用。」和第十五條規定：「經中央主管機關指定具有危險性機械或設備之操作人員，雇主應雇用經中央主管機關認可之訓練或經技能檢定之合格人員充任之。」上述法條規定要求重點在於對危險機具之檢查及操作人員之訓練。

一、危險性機械之檢查

依據危險性機械及設備安全檢查規則[6]，針對危險性機械應實施強制檢查，其檢查項目有：

(一)竣工檢查

雇主於危險性機械設備完成或變更設置時，應填具危險性機械竣工檢查申請書，竣工檢查項目包括以下各項：

1.構造與性能檢查。
2.荷重試驗。
3.安定性試驗。
4.其他必要之檢查。

(二)變更檢查

對於危險性機械如擬變更下列項目之一時，應檢附變更部份之圖件，報請檢查機械備查：

1.原動機。

2.吊升結構。

3.鋼索或吊鏈。

4.吊鉤、抓斗等吊具。

5.制動裝置。

(三)重新檢查

對於危險性機械，停用超過檢查合格證有效期限。如擬恢復使用時，應填具重新檢查申請書，向檢查機構申請重新檢查。

二、自動檢查

依據勞工安全衛生組織管理及自動檢查辦法之規定，對於危險性機械之自動檢查，分為定期檢查及作業檢點二項。

(一)定期檢查

對於固定式起重機、移動式起重機、人字臂起重桿、升降機、營建用提升機及吊籠等危險性機械整體應實施每月及每年檢查一次。至於危險性機械之機件如原動機、鋼索式吊鏈、吊鉤、抓斗及制動裝置等實施每月檢查一次。

(二)作業檢點

對於固定式起重機、移動式起重機、人字臂起重桿、營建用

提升機、吊籠等每日作業前應實施檢點工作。

三、操作人員之訓練

作業場所存在有不安全環境及不安全行為二項皆為產生意外事故的主要原因。實驗室、實習工廠除消極式加強安全衛生設施外，更應實施安全衛生教育的積極作為，來防止事故發生。學術機構中使用危險性機械頻率較低，但是亦不可輕忽危險性機械操作人員安全教育訓練。

6-6 危險性設備的認知

所謂「危險性設備」，依據「勞工安全衛生法施行細則」第十五條規定係指鍋爐、壓力容器、高壓氣體特定設備、高壓氣體容器及其他經中央主管機關指定者。危險性設備潛在危害主要是爆炸及內容物毒物外洩其所造成之傷害比一般機械設備更為嚴重。在此針對依鍋爐及壓力容器安全規則之定義分為鍋爐及壓力容器加以介紹。

一、鍋爐

㈠鍋爐的分類

依勞工安全衛生法第五條規定所訂鍋爐及壓力容器安全規則將鍋爐分為蒸汽鍋爐及熱水鍋爐二種[7]：

1.蒸汽鍋爐

蒸汽鍋爐係指以火焰、燃燒氣體、其他高溫氣體或以電熱加熱於水或熱媒，使發生超過大氣壓之壓力蒸氣，供給他用之裝置及其附屬過熱器與節媒器。

2.熱水鍋爐

熱水鍋爐係指以火焰、燃燒氣體、其他高溫氣體或以電熱加熱於有壓力之水或熱媒，供給他用之裝置。

(二)鍋爐的安全管理

對於鍋爐之安全閥及其他附屬品，應依下列規定管理：

1. 安全閥應調整於最高使用壓力以下吹洩。但設有二具以上安全閥者，其中至少一具應調整於最高使用壓力以下吹洩，其他安全閥可調整於超過最高使用壓力之 1.03 倍以下吹洩；具有釋壓裝置之貫流鍋爐，其安全閥得調整於最高使用壓力之 1.16 倍以下吹洩。經檢查後，應予以固定設定壓力，不得變動。

2. 過熱器使用之安全閥，應調整於鍋爐本體上之安全閥吹洩前吹洩。

3. 釋放管有凍結之虞者，應有保溫設施。

4. 壓力表或水高計應保持在使用中不致劇烈振動，其內部應不致凍結或溫度不致超過攝氏八十度。

5. 壓力表或水高計之刻度板上，應明顯標示最高使用壓力之位置。

6. 在玻璃水位計上或與其接近之位置，應適當標示蒸汽鍋爐之常用水位。

7. 有接觸燃燒氣體之給水管，沖放管及水位測定裝置之連結管等，應用耐熱材料防護。

8. 熱水鍋爐之回水管有凍結之虞者，應有保溫設施。

9. 鍋爐須加裝安全閥、水位高低警報器、吹洩管等。

二、壓力容器

㈠壓力容器的分類

依據「鍋爐及壓力容器安全規則」之規定，壓力容器可分第一種壓力容器及第二種壓力容器兩種。分為作以下解釋:

1.第一種壓力容器

第一種壓力容器係指合於下列規定之各種壓力容器。

⑴接受外來之蒸氣或其他熱媒或使在容器內產生蒸氣加熱固體或液體之容器，且容器內之壓力超過大氣壓者。

⑵因容器內之化學反應、核子反應或因其他反應而產生蒸氣之容器，且容器內之壓力超過大氣壓者。

⑶為分離容器內之液體成分而加熱該液體，使產生蒸氣之容器，且容器內之壓力超過大氣壓者。

⑷除前述三項目外，保存溫度超過其在大氣壓之沸點之液體容器。

2.第二種壓力容器

第二種壓力容器係指內存超過大氣壓之壓縮氣體容器而合於下列規定之一者。

⑴氣體之壓力在每平方公分二公斤以上，未滿每平方公分十公斤且內容積在 0.04 立方公尺以上者。

⑵氣體之壓力在每平方公分二公斤以上，未滿每平方公分十公斤，且胴體內徑在二百公厘以上，長度在一千公厘以上者。

㈡壓力容器安全管理

對於壓力容器之安全閥及其他附屬品，應依下列規定管理：

1.安全閥應調整於最高使用壓力以下吹洩。但設有二具以上安全閥者，其中至少一具應調整於最高使用壓力以下吹洩，其他安全閥可調整於超過最高使用壓力至最高使用壓力之 1.03 倍以下吹洩。經檢查後，應予固定設定壓力，不得變動。

2.壓力表應保持在使用中不致劇烈振動，其內部應不致凍結或溫度不致超過攝氏八十度。

3.壓力表之刻度板上，應明顯標示最高使用壓力之位置。

4.壓力容器須加裝安全裝置如安全閥、溢流閥與溢流管、破壞板及氣體檢知警報器等。

6-7　危險性設備之安全管理

由於危險性設備發生事故的原因有：設計及製造不當、安裝不當、操作運轉不當及維護不當等因素。因此要防止事故發生應針對此四項原因著手進行改善。就危險性設備設計、製造與安裝是製造商的責任，至於操作及維護乃操作者所屬事業單位雇主的責任。「鍋爐及壓力容器安全規則」對於製造者及使用者皆有其責任規定。違反規定而肇事者將負刑事責任。在「勞工安全衛生法」第八條及第十五條（前危險性機械已提述）中，亦明文規定設計、製造及操作使用危險性設備均須依照法定的程序及資格條件進行。這些都是為防範事故的發生所必須之規定，唯有確實遵循法令規定，加強安全檢查及人員教育訓練，才能避免意外事故

的發生。

一、危險性設備之檢查

依據危險性機械及設備安全檢查規則[6]，針對危險性設備應實施強制檢查，其檢查項目依序為：

1.熔接檢查

以熔接製造之鍋爐或第一種壓力容器設備，應於施工前由製造人向製造所在地檢查機構申請熔接檢查，其檢查項目包括：材料檢查、外表檢查、熔接部位之機械性能試驗、放射線檢查、熱處理檢查，及其他必要檢查。

2.構造檢查

危險性設備經熔接檢查合格後，由製造人向製造所在地檢查機構申請構造檢查。其檢查項目為施工方法、材料厚度、構造、尺寸、傳熱面積、最高使用壓力、強度計算審查、人孔、清掃孔、安全裝置、耐壓試驗、胴體、端板、管板、煙管、火室、爐筒等使用之材料及其他必要之檢查。

3.竣工檢查

雇主設置之鍋爐或第一種壓力容器設備，應於完工後向設置所在地檢查機構申請竣工檢查，未經竣工檢查合格及領得檢查合格證前，不得使用。

4.定期檢查

經竣工檢查合格領有檢查合格證之鍋爐或第一種壓力容器，在其檢查合格證有效期限屆滿前，雇主應向設置所在地檢查機構申請定期檢查。

5.重新檢查

鍋爐或第一種壓力容器設備若有下列情形者，應由所有人向當地檢查機構申請重新檢查。

(1)由國外進口者。

(2)停用或經構造檢查、重新檢查、竣工檢查或定期檢查合格後，經一年以上者，擬裝設或恢復使用者。

(3)經禁止使用，擬恢復使用者。

(4)除移動式設備外，遷移裝置地點重新裝設者。

(5)經過大修改以致其設備胴體、汽包、爐筒、火室端板、頂蓋板、管板、集氣管器或補強支撐等有變動者。

二、自動檢查

　　依據勞工安全衛生組織管理及自動檢查辦法之規定，對於危險性設備之自動檢查分為定期檢查、重點檢查及作業檢點等三項。

㈠定期檢查

1.鍋爐
雇主對於鍋爐設備應於每月作一定期檢查，其檢查項目有：

(1)鍋爐本體有無損傷。

(2)燃燒裝置：

　　A.油加熱器及燃料輸送裝置有無損傷。

　　B.噴燃器有無損傷及污髒。

　　C.過濾器有無堵塞或損傷。

　　D.燃燒器瓷質部及爐壁有無污髒及損傷。

　　E.加煤機及爐篦有無損傷。

　　F.煙道有無洩漏、損傷及風壓異常。

(3)自動控制：

　　A.自動起動停止裝置、火燄檢出裝置、燃料切斷裝置、水平調節裝置、壓力調節裝置機能有無異常。

B.電氣配線端子有無異常。

(4)附屬裝置及附屬品:

A.給水裝置有無損傷及動作狀態。

B.蒸氣管及停止閥有無損傷及保溫狀態。

C.空氣預熱器有無損傷。

D.水處理裝置機能有無異常。

2.第一種壓力容器

雇主對於第一種壓力容器設備應於每月作定期檢查,其檢查項目有:

(1)本體有無損傷。

(2)蓋板螺栓有無損耗。

(3)管及閥等有無損傷。

3.第二種壓力容器

雇主對於第二種壓力容器設備應於每年作定期檢查,其檢查項目有:

(1)內面及外面是否顯著損傷、裂痕、變形及腐蝕。

(2)蓋、凸緣、閥、旋塞等有否異常。

(3)安全閥、壓力表與其他安全裝置之性能有否異常。

(4)其他保持性能之必要事項。

(二)重點檢查

雇主對於第二種壓力容器除應作定期檢查外,亦應實施初次使用重點檢查,其檢查項目有:

1.確認胴體、端板之厚度是否與製造廠所附資料符合。

2.確認安全閥吹洩量是否足夠。

3.各項尺寸、附屬品與附屬裝置是否與容器明細表符合。

4.經實施耐壓試驗無局部性之膨出、伸長或洩漏之缺陷。

5.其他保持性能之必要事項。

㈢作業檢點

使實驗室人員就其作業操作有關設備事項實施檢點，如查看水位、外觀與接管等。

三、操作人員之訓練

依據勞工安全衛生教育訓練規則第七條：「雇主對擬任左列危險性設備之操作人員，應使其受危險性設備操作人員安全訓練：一、鍋爐（除小型鍋爐外）。二、第一種壓力容器。三、高壓氣體特定設備。四、其他經中央主管機關指定之設備。」惟有下述情形之一者，不得參加訓練：一、身體或精神缺陷，不適操作工作者。二、未滿十八歲者。

6-8　結　論

本章介紹危險性機械設備的種類、特性及其安全裝置與安全管理。對於法規有關危險性機械設備的規範亦做詳細說明。危險性機械設備其潛在的危害比一般的機械設備為高，因而其有關安全的要求也比一般機械設備嚴格。欲預防危險性機械設備造成的危害，須先認識其危害發生之處，並瞭解其基本構造及操作原理，針對發生危害之可能原因尋找防範對策，始能奏效。

問題討論

6-1 試述勞工安全衛生法所指危險性機械有那些？

6-2 試述事故的原因。

6-3 試述衝剪機械安全防護之方法。

6-4 試述機械危害事故之分析原因。

6-5 試依勞工安全衛生法之規定說明如何做好危險性機械之安全管理？

6-6 試述勞工安全衛生法所指危險性設備有那些？

6-7 試述如何做好危險性設備之安全管理？

6-8 試述如何防止鍋爐事故發生？

6-9 何謂「第一種壓力容器」？

參考文獻

1.楊振豐、劉宏信、莊侑哲、胡隆傑，《工業安全》，高立圖書有限公司（1997）。

2.《推動勞工安全衛生工作實務手冊》，行政院勞工委員會（1995）。

3.楊昌裔，《工業安全》，育有圖書（1996）。

4.《勞工安全衛生法規暨解釋彙編㈡：機械器具防護標準》，行政院勞工委員會（1997）。

5.《勞工安全衛生法規暨解釋彙編㈡：起重升降機具安全規則》，行政院勞工委員會（1997）。

6.《勞工安全衛生法規暨解釋彙編㈡：危險性機械及設備安全檢查規則》，行政院勞工委員會（1997）。

7.《勞工安全衛生法規暨解釋彙編㈡：鍋爐及壓力容器安全規則》，行政院勞工委員會（1997）。

第七章 電氣設備安全管理

7-1　前　言

　　電是人類偉大的發明，亦是最乾淨且適用最廣泛的能源，無論在日常生活、工業界或實驗室中使用現代電氣設備從事多項功用，諸如驅動機械、工具切斷、熔接、動力加熱、冷卻、揚聲、照明、及動力供應等。實驗室負責人員除使用電氣設備外，尚需瞭解電氣設備裝置、保養、及可能發生感電或因用電不慎而發生火災的原因，進行瞭解並做好防範，因此若對於電氣安全缺乏認識且不當使用時，極易引起嚴重的人員傷害與財物損失，因此對生活在這充滿電氣世界的現代人而言，要防範電氣災害必先瞭解電的種種特性，及造成災害之原因，尋求對策始能奏效，具備充足的用電安全知識是最基本的條件。

7-2　電氣災害種類

　　一般由電氣設備所造成的災害主要可分為感電、電氣災害、電氣爆炸、靜電災害等，在實驗室亦不外乎之；以下分別就各項說明之。

一、感電

　　人體遭受電擊，是由於電流流經人體。電流的大小與電壓和電阻有關，依據歐姆定律。

$$V = I R \tag{7-1}$$

式中 V 為電壓，單位為伏特 (Volt, V)

　　I 為電流，單位為安培 (Ampere, A)

R 為電阻，單位為歐姆 (Ohm, Ω)

當電壓一定時，電阻值愈小則流經人體的電流值愈大，故其危險性也愈高，在表 7-1 中列舉各種條件下，人體之電阻值[1]。

表 7-1　人體對電流的電阻

人體部位	電阻（歐姆）
堅硬，乾燥的皮膚	500,000～600,000
柔軟，乾燥的皮膚	100,000～200,000
柔軟，潮濕的皮膚	1,000
手至腳之間的體內組織	400～600
兩耳之間	約 100

電流對人體的影響，除電流量外，亦包括通過人體之路徑、經過之時間長短、年齡、體型、身體狀況及電流頻率等。

一般電氣在 600 伏特以上稱為高電壓，而 600 伏特以下稱為低電壓，在實驗室中，絕大多數設備或其環境所接觸者皆為低電壓，低電壓會造成肌肉收縮，常使患者不能自行脫離電路而發生危險，感電引起之傷亡，乃是由於下列各項人體組織器官對電流反應所致[1]：

1.胸部肌肉收縮，妨礙呼吸，接觸過久而窒息死亡。

2.神經中樞暫時麻痺，致使呼吸停止，直至罹難者脫離電路之後仍然持續。

3.妨礙正常的心跳，致使心室內的心肌纖維不規則的快速收縮。在此情況下，心肌纖維沒有同時一起收縮而各自以不同次數收縮。血液循環停止，除非立即施予適當的人工呼吸，否則會造成死亡。此時，心臟不能自動復原。據估計 50 mA 即能造成此種現象。

4.接觸大量電流之後，由肌肉收縮引起的心臟停止跳動，在罹難者脫離電路之後，心臟可能恢復正常跳動。

5.流經人體大量電流產生的熱，可導致組織、神經、肌肉的出血和破壞。

雖在高壓區皆立有「高壓電危險，請勿靠近」之警告標示，而低壓電則無，但這並不表示低壓電對人體之傷害，比高壓電輕微。表 7-2 為電壓及職別感電情形，及表 7-3 為作業員職別與感電傷亡情形[1]。

表 7-2　電壓及職別感電死亡情形

電壓別＼職　別	低壓 (%)	高壓 (%)	合計 (%)
電氣人員	9.0	38.8	47.8
一般人員	37.0	15.2	52.2
合計 (%)	46.0	54.2	100.0

表 7-3　作業員職別與感電傷亡情形

職別／百分比／死傷	電氣人員			一般人員		
	死亡	傷害	合計	死亡	傷害	合計
比例 (%)	28.6	71.4	100.0	58.4	41.6	100.0

二、電氣火災

依據焦耳定律，電流通過導線會產生熱量，其所產生熱量的大小與通過電流的平方、導體電阻及電流通過的時間成正比，如下方程式所示：

$$H = I^2 \, R \, T \tag{7-2}$$

式中 H 為產生熱量的大小

I 為電流

R 為電阻

T 為電流流通時間

由於熱量累積，當其溫度超過設備燃點即會引起電氣火災。電氣火災發生的原因，可歸類如下：

1. 電線負荷超載，發熱起火者。

2. 電路接點不良，發熱起火者。

3. 因絕緣不良而導致高壓電線產生渦電流或漏電，發熱起火者。

4. 因超負載引起保險絲熔斷或自動開關切斷時，所產生的火花引起附近易燃物而著火。

三、電氣爆炸

電氣設備所引起之直接性災害極少造成爆炸，當設備佈置不當時、電氣設備引起火災時，若危險物或爆炸性物質放置於附近即易造成爆炸。電氣爆炸不僅會嚴重損毀設備及建築物，亦會致使人員嚴重傷亡，應設法予以防範，以免造成巨大損失。分析電氣爆炸的原因，如下所示：

1. 發生電氣火災，引燃可爆性物質後引起爆炸。

2. 負載因遮斷容量不足，引起爆炸。

3. 電氣設備因內部封閉空間內之電線線路短路造成過熱或火災引起電氣設備爆炸。

四、靜電災害

因靜電產生的電擊，雖不常造成直接性傷亡，但却極易引發間接事故，此外靜電火花常導致火災或作為爆炸的發火源，尤其是在實驗室的環境中，往往有許多易燃性物質同時存在，故其潛在的危害性亦不可輕忽。

7-3　電氣災害的成因及防止

欲防範電氣災害必須先瞭解電氣災害之原因，採取各種防災對策，此外作業員接受電氣安全教育訓練亦不可缺少。唯有如此方能徹底杜絕電氣災害。

以下分別就感電、電氣火災、電氣爆炸、靜電災害等，其災害成因及防止，予以說明：

在實驗室中，可能引起感電災害之媒介物（如表 7-4）[1]包括電動機具（如電鑽、電銲機、研磨機、電扇），一般機械（如伸線機、押出機、吹袋機、沖床、起重機、升降機、緯紗機等的修理維護，特別是馬達漏電所引起），電氣設備（如開關、幫浦馬達、變壓器、配電盤等，其中馬達因未接地或接地不良造成漏電佔大多數）及電線。

表 7-4　感電災害媒介物

感電災害媒界物	次　數	百分比
電動機具	15	23.5
一般機械	21	32.8
電氣開關、設備	24	37.5
電　線	4	6.2
合　計	64	100.0

究其災害原因，設備絕緣不良、未接地、未裝設安全裝置為主要原因（詳見表 7–5）[1]。其次為不安全的動作，如開關錯誤，活線作業未穿個人保護設備，非電氣人員擅自修理，未遵守安全守則，拉斷電線等。

表 7–5　感電災害原因

感電災害之原因	次　數	百分比
設備不良	33	51.6
不安全的動作	27	42.1
兩者皆有	4	6.3
合　計	64	100.0

一、感電

(一)感電災害成因

一般而言，在實驗室中之所以會發生感電事故或遭受電擊，主要可歸納為直接接觸裸露導線、絕緣失效、電氣設備漏電、靜電放電等因素而造成，以下分別敘述之[1]：

1.直接接觸裸露導線

當身體的某一部位直接接觸裸露導線時，會因與人站立的地面構成迴路而觸電。

2.絕緣失效

為避免人體直接接觸帶電導體或設備，其表面通常會有一層絕緣體。但若此層絕緣體因本身材質不佳或經長久使用，致使電阻降低而失去原有效能時，則人體與其接觸時，即會遭受電擊。

3.電氣設備漏電

為確保使用上的安全，一般電氣設備除本身應有良好的接地外，通常在人體可能接觸的部位還會有絕緣裝置。如果電氣本身的接地或絕緣裝置因某些原因失去效能時，則會因為漏電而使操作人員受到電擊。

4.靜電放電

除前所述之間接傷害外，靜電的直接影響為當人體接觸積存電荷的物體時，即會因為瞬間的靜電放電，而有觸電的感覺，這亦是作業人員發生感電事故的一種原因。

(二)感電災害的防止

避免感電，就必須避免危險電流通過人體。在實驗室中避免感電災害的發生，其可能發生之防治方法包括如下：

1.使用合格電氣設備。

2.電氣設備設置漏電斷電器。

3.過電流保護器。

4.電氣設備應考慮實驗室系統接地及設備接地。

5.儀器檢修時，應採停電後作業。

6.避免在潮濕或積水之作業環境下操作電氣設備。

7.配電箱外應標示非經允許不得操作。

二、電氣火災

發生電氣火災常是因電氣設備安裝在危險場所或電氣設備故障或過載而發熱引燃易燃易爆物所造成。實驗室場所發生電氣火災的原因已於上節所述，而如何防止電氣火災的發生有：

1.電氣設備導電物超載電流。

2.實施檢查電氣設備導線之絕緣被覆是否損壞或劣化。

3.電氣設備勿超載使用。

4.選用符合安全規定之電氣設備。

5.注意合理的用電方法。

6.電焊作業時應注意火花或熔斷物不慎引燃四周燃物。

7.導線接點應確實固定、絕緣，並加防護套。

三、電氣爆炸

欲有效防止電氣爆炸事故的發生，首先必須針對實驗場所的危險性質與程度加以分類，再根據實際需要裝置適當的防護設備。

一般危險場所分為兩類[2]：

1.第一類危險場所

指在正常操作情況下可能成為危險環境的場所。例如：充滿有機溶劑場所。此等場所之防範方法有：

(1)最好能避免使用電氣設備，如有必要時應移至場所外。

(2)增加通風設備作充分的換氣，改善作業環境品質。

2.第二類危險場所

指在異常情況下，有可能成為危險環境的場所，例如通氣換氣裝置失效。此等場所之防範方法有：

(1)採用密閉型電氣設備，採用隔離的方法，將可能產生火花或引起爆炸的電氣裝置密閉，和工作場所的危險物質完全隔離，亦可同樣達到防爆的效果。

(2)絕緣電線金屬導管及其配件，亦需符合國家安全規定。

(3)高壓電氣安全配線必須使用電纜。

(4)採用防爆型電氣設備，在危險工作場所的電氣設備，需採用適當的防爆裝置 (Explosion Proof Devices)，在裝設防爆裝置之前，應先調查可能存在的發火源，認清危

險場所的種類，以選擇適當的防爆裝置。防爆型電氣設備，如開關、插座、熔絲、變壓器、斷路器，電阻器、整流器、電抗器、馬達、照明燈具、電熱器等的配線、裝置或調整，需依照危險場所的等級，作業環境性質而考慮其安全性，選擇適當的防爆裝置。

(5)必須使用經認證核可之電氣設備及過載斷路器，所謂認證核可之單位如中央標準局及美國防火協會等，以確保本質安全特性。

四、靜電災害

靜電對某些實驗室而言，是難以避免的，因此必須採取適當的控制與防護措施，來降低靜電所造成的災害。靜電災害的控制及防護方法很多，較常被採用者不外乎以下幾種[3]：

1.選用適當材料

選擇適當的材料乃避免產生靜電最簡便的方法，例如穿著棉質衣服比穿著毛質、尼龍或其他合成纖維的衣服，較不易引起靜電反應。此外，在低導電性物料的表面以噴塗的方式加上一層易導電的薄膜，以防止靜電的累積，亦可有效消除有關靜電效應的問題。

2.穿戴靜電衣鞋

在富有靜電的場所，穿戴靜電衣或靜電鞋，即可減少遭受電擊的傷害。靜電衣是利用導電性的纖維，使累積的靜電不斷產生微量放電；而靜電鞋則有使人體接地的效果，可以使靜電直接排至大地。

3.連結與接地

連結 (Bording) 是指將兩種以上的導電體以導線連接，使構成通路而達到中和靜電的效果。接地 (Grounding) 則是將導電物

直接連接至大地，使產生的靜電能迅速導入地面，兩種方法都可以有效降低靜電所引發的危害。

4.使空氣離子化

運用火焰及其他媒介，使空氣離子化之後，即可中和靜電，使不致累積過多靜電而造成無謂的災害，這亦是一種有效控制靜電的方法。

5.裝置靜電中和器

靜電中和器 (Electrostatic Neutralizers) 常見的高壓 (High Voltage) 和感應 (Induction) 兩種類型。

⑴高壓型靜電中和器：是利用高壓電力使空氣離子化，而達到中和靜電的目的。通常是使用一排帶有尖端的導線和小型的升壓變壓器連接，並將其安裝在靠近靜電發生的地方。

⑵感應型靜電中和器：是以極化感應的原理，當靜電累積至某一數值時，可使附近的空氣自動離子化，而達到中和的目的。感應型靜電中和器可以根據實際需要作成各種形狀，因此一些不適用於高壓型靜電中和器的場所，都可利用這種中和器來取代。

6.增溼

在高溼度的實驗室環境中，可以在物料外層形成潮溼的薄膜增加其導電性，可迅速將靜電排放至大地，因而以人工方式提高空氣中之溼度是對整體作業環境降低靜電累積的有效方法之一。

7-4　結　論

　　實驗室中，電氣災害的種類包括：感電、電氣火花灼傷、火災爆炸等，欲防範電氣災害發生應先瞭解電的種種特性，導致災害原因，並針對事故原因採取適當的防範對策。諸如電氣設備的安全裝置、防爆裝置、本質安全電氣設備，皆需配合安全上的需要而裝設。除此之外專責人員的教育訓練亦不可少，導正不安全的行為動作，始能確實杜絕電氣災害的發生。

問題討論

7-1 試述電氣災害可分為幾種？

7-2 試述電氣災害的主要原因。

7-3 試述感電的主要原因？並述如何防止感電之發生？

7-4 試述靜電會引起何種災害？並說明其防止災害之方法？

參考文獻

1.黃清賢，《工業安全》，三民書局 (1996)。

2.李金泉、鄭世岳、魏榮男、蕭景祥，《工業安全與衛生》，文京圖書有限公司 (1996)。

3.羅文基，《工業安全衛生》，三民書局 (1996)。

第八章　實驗室災害緊急應變措施

8-1　前　言

　　近數十年來，由於科技日新月異導致實驗室中使用各類有害性、有毒性之氣體、液體等化學物質之機會愈來愈多，實驗室中也愈具有潛在危害因子。因此，實驗室工作者於操作過程中若稍有疏忽或處置不當，均將導致意外事故，輕微時影響人員之健康，嚴重時作業環境受污染；若不慎有大量危害性物質洩漏時，更會造成附近居民生命、健康與財產、環境等之損失與危害。因此，為有效防護人員之健康，除需加強化學災害之預防外，亦需擬訂實驗室緊急應變措施，以期於化學災害發生時能有效因應，將災害風險降至最低。

　　本章目的在於說明實驗室中緊急應變處理流程，並針對實驗室中常見之化學災害與急救、應變措施，加以介紹。

8-2　緊急應變計畫

8-2-1　計畫之擬訂

　　有效的緊急應變計畫為災害防止急救工作中重要的一環，計畫的擬訂愈完善，應付緊急災害的能力就愈強。一個完整的緊急應變計畫至少應具備以下功能[1]：

　　1.意外事故發生時能迅速通知相關負責人及單位。

　　2.靈活正確之應變指揮系統。

　　3.評估意外災害可能造成之影響。

4.建立警示系統。

5.建立通報系統。

6.統計各種應變器材之數量並標示各器材之位置。

7.安排醫療救護等事宜。

8.規定應變人員之安全防護注意事項。

9.具體之疏散計畫。

10.災害區域之除污整治計畫。

8-2-2　計畫之步驟

其擬訂計畫之步驟:

1.訂定目的及前言

2.危害鑑定及風險評估

⑴確定危害性物質種類及名稱。

⑵評估意外災害可能影響之範圍、人數及發生之頻率。

⑶找出意外災害可能發生之設施、位置。

此步驟之內容應包含實驗室內所使用化學物質之物質安全資料表存放位置、實驗室平面圖與其附近環境圖、人口密度及附近居民密集處之人口資料。

3.擬訂緊急應變組織架構

⑴訂出組織結構。（由環保安全衛生委員會成員組成）

⑵規定各項職務負責人及負責事項。

其人員組織資料應包括緊急應變人員組織圖、人員資格及經歷、緊急應變任務分派表以及相關人員緊急聯絡方法與輪值表。

4.訂出緊急意外事故通報程序及聯絡系統

⑴訂定應變通報程序。

⑵設定意外狀況警示系統。

此部份之內容應包含附近消防、醫療、環保及警察單位之電話。圖 8-1 為緊急應變之通報流程[2]。

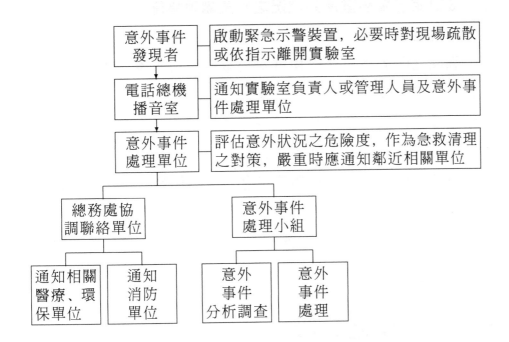

圖 8-1 意外事故通報程序

5.統計各項應變設施及配置

(1)應變消防、設備配置與統計。

(2)急救藥品、防護器材統計。

(3)救災器材統計。

(4)消防器材配置圖。

此部份蒐集之資料應包含消防、醫療防護器材數量。

6.疏散計畫

(1)擬訂疏散路線圖。

(2)擬訂疏散管制。

此部分訂定時應蒐集實驗室附近走道圖，以擬訂各種狀況之

疏散路徑，同時應有實驗室內外負責管制之人員名單。

7.擬訂緊急應變程序

8.訂定各實驗室意外狀況之緊急處理措施

9.訂定訓練計畫

訓練之內容應包含對物質安全資料表的認識、警示系統之認知、緊急措施訓練、救災與防護裝置之位置及使用方法、急救及醫療設備之使用方法以及疏散程序之模擬。

10.擬訂模擬演練計畫及更新計畫

演練之目的在測試應變系統之功能及熟悉此系統之運作，同時可經由演練過程中改進原計畫之缺失。因此應定期模擬演練，並應定期舉行檢討會議，適時修正計畫，使其更符合現階段之實用性。

8-3　應變之等級

實驗中常會有一些小意外的發生，而此類事故不須要勞師動眾的去處理。為了節省人力物力，應將災變分成不同之等級，以不同之應變能力解決事故。

常用的三種不同等級應變描述如下[1]：

1.一級應變

指災變的威脅能由第一線人員控制，不須要疏散人員。此類事故發生於小區域，且不會對人員生命造成立即之威脅。

2.二級應變

須對人員及附近居民做有限度的疏散。此類事故是指較大危險或大區域的意外，且會對人員生命健康造成威脅。

3.三級應變

須做全面性的疏散。此等級是指嚴重意外或大區域面臨嚴重

威脅人員之生命。

因此，當意外發生時，應先評估其危險等級，再依不同之等級動員人力去控制災變。

8-4　緊急應變設施

實驗室除了必須具備緊急淋浴設備及洗眼器等急救設施外，應設置下列緊急應變設施：

8-4-1　警報警戒系統

警報警戒系統之型式應視工作場所特性，實驗室人員工作地點及設備噪音程度而定；警報系統應選擇可以區分出示警信號和其他聯絡信號者，如附有擴音設備或電鈴指示裝置的傳聲系統。若警鈴之發聲必須藉由人員以手操作，則開關之位置應安排在容易接近的地方，且應容易辨識。

8-4-2　緊急出入口配置

當實驗室發生重大意外災害時，為了能使人員在最短時間內逃離現場，以減少不必要之傷亡與損失，緊急出入口之配置則為必須。以火災為例，當實驗室發生火災時，會產生一氧化碳及二氧化碳等氣體，燃燒的同時又會產生燻煙懸浮彌漫於空氣中，將阻礙逃生及救災工作的進行，此時，緊急出入口之配置即顯得相當重要。

緊急出入口之數目應依人員多寡配置，每個工作人員必須有不少於兩個可以通往遠處的出口。通路必須明亮、標示清楚、不

受阻礙且儘可能是直線的、不超過最大行進距離。出口的通路不可經過比撤離區更危險的地方。欄杆或扶手必須堅固，階梯踏地處須為防滑設計。出口之開關的保護裝置應防火。其餘有關安全門之負荷能力、逃生距離、撤離路線、安全門之關閉方式、出口之封閉與阻塞情況以及門之開啟方式等，可參考美國國家防火協會 (NFPA) 所訂定之「生命安全規範」(Life Safety Code) 的各種規定。

8-4-3 緊急照明

保障安全逃生的緊急照明設備，必須有適當的配置安排，其中一種是在建築物內保有兩套不同的電力設備。這種方式可以是在建築物外，擁有另一個電力設備，或是在室內擁有額外的附屬電力設備。但此方式並不適用於電氣分佈較遼闊之區域。而內部電力設備可分為數種，包含供應緊急電力的發電機，及在特定區域提供照明電力的大型之不斷電電源供應器。

發電機須要經常性的電力負載測試，因此維護保養便成一大問題。不斷電的電源供應器適合對於電力供應不能任意中斷的設備，如電腦。

8-4-4 消防設施

一、滅火理論

燃燒是燃料急驟氧化，釋放出大量熱能的一種反應，此反應必須具備四個要素：燃料、氧化劑、溫度和開放性鏈反應[3]。因此，滅火的理論基礎即在於移除其中的一個或一個以上的要素：

1.隔絕燃料：如關閉燃料供應管的控制閥，或在燃料上覆蓋
　　　　　一層泡沫，以隔絕氧與燃料間之反應。
2.冷卻：以滅火劑滅火即可達冷卻的作用。
3.排除氧化劑：以二氧化碳來噴灑或用防火氈覆蓋等方法，
　　　　　　即可排除空氣中的氧。
4.破壞鏈反應：以乾粉滅火劑滅火即可破壞氧化劑與還原劑
　　　　　　之間的化學反應。

二、火災分類

在了解各消防設施前，應先區分火災的種類以選擇適當的滅
火劑。依燃料的特性火災可分四類：

　A 類火災
　　一般可燃性固體如木材、紙、橡膠等引起之火災。
　B 類火災
　　由可燃性液體及氣體引起之火災。如汽油、溶劑、酒精、
　　液化石油氣。
　C 類火災
　　由電氣引起之火災必須使用不導電之滅火劑以撲滅者。
　D 類火災
　　由可燃性金屬如鉀、鈉、鎂等引起之火災。

三、滅火系統

基於以上的滅火原理及火災分類，一般常用的滅火系統設備
有：

1.消防水滅火系統

水因其熱容量高，可大量吸收燃料的熱量而冷卻；同時水由
液態蒸發至氣態，其體積增加約 1,700 倍，可有效中斷水周圍空

氣中氧氣的供應，是最廉價又最易取得之滅火劑。常用之消防水滅火系統有：

(1)消防水栓：消防水栓之位置與保護物間應有十五至三十公尺之距離，同時應將消防栓正對著出口或靠近出口處。

(2)自動灑水裝置：自動灑水裝置是消防設備中應用最廣的設施，能自動偵測火源放出訊號，並能在火警位置及其四周噴灑定量的水以滅火。

2.二氧化碳滅火系統

液態二氧化碳儲存在加壓的罐裝筒，氣閥打開後，液態的二氧化碳被釋放，由於汽化膨脹而吸收周圍的熱能，可達冷卻與稀釋燃料附近的含氧量之雙重作用。

3.海龍系滅火系統

海龍 (Halon) 是甲烷中的氫原子被鹵素取代，而生成之化合物（鹵化烷）。係利用冷卻，隔絕空氣和抑制作用以破壞燃燒中的鏈反應，特別適用於電氣火災。但海龍滅火劑於高濃度時具毒性，受熱分解產生 HF、HBr，大量使用時應小心。

4.乾粉滅火系統

乾粉滅火劑係以細微粉末狀之碳酸氫鈉、碳酸氫鉀、磷酸銨等為主要成分。因其可阻止化學連鎖反應，故乾粉幾乎是在瞬間熄滅火焰。此型態之滅火劑可適用於各類火災。

5.泡沫滅火系統

當由可燃性液體引起之火災，使用水或滅火劑之效果不佳，且有擴大火災範圍之虞時，可採用泡沫滅火系統。其滅火原理係利用大量泡沫覆蓋燃燒物之上，以阻止空氣接觸停止燃燒；同時泡沫中含大量水分，可冷卻燃燒物至著火點以下熄滅；泡沫中的水分並能吸收熱能產生水蒸氣，以稀釋空氣中氧的濃度。

滅火器依其特性及使用標準如表 8-1[4]

表 8-1　滅火器 C.N.S. 使用標準

適用滅火劑 火災分類	水	泡　沫	二氧化碳	鹵化物	乾　粉		
					ABC 類	BC 類	D 類
A 類火災	○	○	×	×	○	×	×
B 類火災	×	○	○	○	○	○	×
C 類火災	×	×	○	○	○	○	×
D 類火災	×	×	×	×	×	×	○

【註】 1.○記號表示適合，×記號表示不適合。
　　　2.水噴霧亦適合於 BC 類火災。
　　　3.泡沫指化學及空氣泡沫兩種。
　　　4.乾粉 BC 類包括普通紫焰、錳鈉克斯 (Monex) 乾粉。ABC 類
　　　　包括多效乾粉及泡沫配合乾粉。

常用手提式滅火器性能及使用須知，見附表 B8-2[4]。

8-4-5　安全標示

　　標示是以文字、圖案、符號、顏色等在辨認上最直覺的認知，以一定規則所組成。標示大致可分為兩類，其一為危害物質之標示，另一則為安全標示。危害物質的標示應依勞委會所頒布之「危險物及有害物通識規則」標示之（請詳見 4-2-2）；而安全標示則針對如逃生方向、太平門及防護等安全設備的告知。標示必須清晰易懂，貼於明顯易見且兩眼平視所及之高度，標示之內容應與被標示物相吻合。

一、種類

　　安全標示的種類可分下列四種：

1. 「一般說明及提示」的標示：如太平門、急救設施與精密儀器室的指示及進實驗室請穿實驗衣等的提示。
2. 禁止標示：表示禁止的行為。如嚴禁煙火、禁止通行及禁止攀越等。
3. 警告標示：告知可能具有之危害。如高壓電、輻射危險等。
4. 注意標示：如當心地面、注意頭頂等。

安全標示之範例請見附圖 A8-2[8]。

二、形式

安全標示之形式及顏色須依中國國家標準 (CNS 1306 Z23) 或勞委會所訂工業安全標示設置準則設置之。一般安全標示常用之外形及其意義如下[5]：

1. 正方形或長方形：用於一般說明及提示性之標示。
2. 圓形：用於禁止之標示。
3. 尖端向上之正三角形：用於警告之標示。
4. 尖端向下之正三角形：用於注意之標示。

8-5　現場救護

當實驗室發生意外事故時，應以救出、救護受傷人員為最優先之工作，因此有必要對救護工作做一瞭解。化學災害發生時，救護人員進入現場救護前，應先根據實驗室所存放之物質安全資料表實施危害鑑定，同時瞭解污染源之特性如可燃性、反應性等，配置必要的防護用具，再施行救護工作。

救護的地點應選擇現場上風地帶，給予初步急救後，再根據受傷狀況轉送醫療機構。對化學災害的救護工作上有下列幾項原則[6]：

1.封鎖危險區，非必要人員必須遠離現場，並禁止人員進入。

2.在不危及人員安全情況，儘量設法處理污染源。

3.搶救人員配戴自給式呼吸罩，穿著防護衣物，將傷患移至安全或輕度污染場所。

4.將受污染之衣物鞋襪脫下並封閉隔離，同時以清水或適當清潔劑沖洗清除皮膚污染。

5.傷患呼吸困難或停止，應即施予口對口、口對鼻人工呼吸或心肺復甦術 C.P.R. (Cardio-Pulmonary Resuscitation) 以刺激心臟。

6.止血，利用直接加壓止血法或其他止血法止血。身體各部止血點，見圖 8-3[7]。

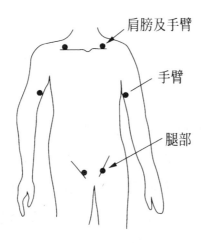

圖 8-3　身體各部位之止血點

7.維持生命徵象，並轉送適當之醫療機構。

8-6 緊急應變措施

實驗室經常發生之意外不外乎火災爆炸、化學藥品濺漏等，本節茲就其處理及急救措施做一說明。

8-6-1 火災及爆炸

由於化學品的使用或實驗室操作不當而引起之火災及爆炸，其所造成之人員的傷亡及設備之損壞，是實驗室各種意外事故中最嚴重的兩種化學災害。因此，除了發生火災、爆炸後，必須知其應變措施外，對其預防之道之認知更有其必要性。而火災常導致爆炸，爆炸也常引起火災，故火災及爆炸之處理及預防原則是相通的。

一、預防之道[8]

預防火災、爆炸的發生，除了應在實驗操作中，遵循標準作業程序，避免人為的疏失及錯誤外，在行政管理方面，人員的教育訓練，正確的儲存化學藥品，定期維修及檢查制度的建立，適當的建築設計（如防火建材），採用防爆型電氣設備，建立偵測系統等，都是相當重要的。至於工程安全設計方面，應避免操作過程中有引起火災、爆炸之要素存在，如燃料、氧氣濃度要低，避免點燃源等。其設計原則應包括：

1.充填惰性氣體

在引進可燃物前，為了降低容器內氧之濃度，一般以添加惰性氣體之方式稀釋。其目的在使氧含量降到最低氧濃度 (Minimum Oxygen Concentration, MOC) 以下, 為安全起見, 一般經驗為比 MOC 值低 4%, 同時也可使可燃氣體濃度在爆炸下限 20% 以下, 以避免火災爆炸之發生。

2.靜電控制

由累積的靜電引起之火花, 是一種不易完全掌握, 卻又經常發生的一種點燃源。因此, 控制靜電的方法即在於消除電荷累積的現象。其方法如下:

(1)鬆弛法: 當由鋼筒上方管線注入流體時, 由於流量越大, 產生靜電之電流也越大, 故可加一截擴大管, 以減緩流速, 使前面產生之電荷有足夠時間自我中和, 達到降低或消除靜電之效果。

(2)連線與地線: 兩導體間之電位差, 可透過一根導線而消除, 同時, 地線亦可使電位歸零。

(3)浸沈管: 當輸入容器之液體是自由落入時, 可插入一根浸沈管, 使液體順沿流下而導走靜電。

(4)加入添加物: 可加入抗靜電添加物, 以增加液體之導電性。極性分子如醇類, 即有此性質。

3.通風

使實驗室內維持良好之通風, 以移出並稀釋空氣中的可燃物濃度。

4.設備安全距離

實驗室內設備與設備間, 須保持適當的安全距離, 以防範連鎖效應的發生, 特別是加熱爐、鍋爐等應與危險物品分離。

5.危險物品的管理

實驗過程中, 若須以本生燈加熱時, 作業環境不可存放可燃性物料等危險物品。

二、處理原則

1.關閉總電源及瓦斯，並儘速移開周圍之易燃物。

2.通知現場人員疏散。

3.確認火災種類，選擇實驗室內適當之滅火劑滅火。

4.如火勢繼續擴大，應立即打「119」電話給消防隊請求協助滅火。

茲將流程圖示於下[2]：

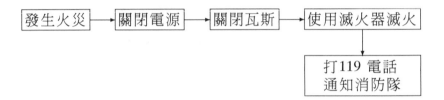

5.若引起爆炸，則因爆風及飛散物的破壞，可能導致第二次事故或繼續爆炸之危險，故應儘速撤離。

三、注意事項

1.疏散時應隨手將門關上，以防止火、煙的擴散。若門板很燙，不可以手碰觸之。進入樓梯時也應隨手帶上安全門，以阻止火災之蔓延。

2.避免讓自己身陷火窟。

3.衣服著火時，避免奔跑，應立即臥倒並滾壓火焰，或是以濕布、厚重衣服或防火氈蓋熄。

4.疏散過程，若經過濃煙區，應在地面匍匐前進，並以濕毛巾掩住鼻子，實行短呼吸。

5.疏散時，應依逃生路線選擇最近的安全門疏散，千萬不可

使用電梯，也不可停留在逃生路線的中途或再回到火場。

6.滅火器使用過後，應更換或灌充，以免於發生緊急事故
　時，拿到的滅火器是空的。

四、被火灼傷

灼傷時，應將灼傷部位迅速浸入冷水中，燙傷部位佔身體百分之十時，須立即送醫治療。

五、滅火程序

自行滅火時，為了能有效滅火並保護陷於火場中的人，應採取適當的滅火步驟[9]。例如：對於易燃性氣體，因其極易燃燒，與空氣混合又具爆炸性，且易再點燃，所以在滅火前應先設法在安全情況下阻斷其氣體繼續洩出。對於毒性揮發物質起火時，應先將火場附近的人員撤離，再於安全距離處進行滅火，並應設法冷卻火場中盛裝此物質之容器，以避免其受熱破裂而釋放出毒性物。

滅火時，亦應參考著火物之物質安全資料表的反應特性資料，並考慮是否已將不相容物質隔離。例如：以水滅火時，應先將禁水性物質隔離，以免引起更劇烈的反應。

進入火場救援時，應考慮物質的燃燒或熱分解物之危害性。因某些熱安定性差之物質，於火場中受熱後的燃燒產物或熱分解物，可能具爆炸或劇毒性，故應有足夠之防護設備才可進行滅火與救援。

8-6-2　化學藥品濺漏

化學藥品濺漏是實驗室最常見之意外事故，其處理原則如

下：

1. 當化學藥品或氣體大量濺漏時，應立即疏散附近之人員，並打開抽風設備。
2. 依緊急通報程序通知實驗室負責人員。
3. 以適當之外洩液中和劑，中和處理，處理時並應穿戴必要之防護用具。
4. 將污染區以黃塑膠繩隔離標示。

8-6-3　化學藥劑傷害急救措施

實驗過程中，一旦誤觸、誤食、吸入危害化學物質，或遭之濺潑，若能在送醫治療前，施以適當之急救，當可將傷害減至最低。而為了使災害發生時不致因慌張而影響急救之進行，平時就應做好萬全的準備[4]。如：

1. 實驗室負責教師及學生平時應施以急救訓練。
2. 醫藥箱應放置於明顯之固定位置。
3. 有發生氣體中毒、缺氧症之虞之實驗室，應備有氧氣瓶。
4. 應有鄰近特約醫療機構，並將其位置及連絡方法公告周知。

實驗室常見化學藥劑傷害之急救措施：

一、濺到眼睛

立即以大量清水沖洗十五至二十分鐘。沖洗時應張開眼皮以水沖洗眼球及眼皮各處。但水壓不可太大，以免傷及眼球。

二、沾及皮膚

立即脫去被污染之衣物，以清水沖洗被污染部份。若是大量

藥劑附著時，可能被皮膚吸收而引起全身症狀，應先採取中毒急救措施，再儘速送醫。

三、氣體中毒

將傷者迅速移至空氣新鮮處，救護人員並應配戴必要之防護具，以免中毒。丙酮等重要氣體對人體之反應及急救措施，請見附表 B8–3[10]。

四、誤食中毒

重覆漱口後，飲下大量的水或牛奶。若傷者呈現昏迷、不省人事、衰竭、抽筋等現象時，不可催吐，否則應協助患者吐出所食入之物質。

8-7 結 論

科學之進展，使各種研究日趨頻繁，實驗室內各種化學物質也愈趨複雜，實驗人員身處其中，稍一不慎，即可能對健康造成影響。緊急應變計畫的訂定，其目的即在控制意外災害的災情，進而將災害消弭。若能配合適合適當的教育訓練，並定期實施模擬測試，必能應變化學災害之發生，並將人員生命、財產之損失，降至最低。

問題討論

8-1 試述一完整的實驗室災害緊急應變計畫應具備何種之功能。

8-2 試述一般緊急應變設施可分為幾種？

8-3 試述實驗室有機溶劑所引起之火災應如何選擇何種滅火器？

8-4 試述一般安全標示可分為幾種？及其各種形式所代表之意義為何？

8-5 試述如何預防實驗室火災及爆炸之發生？

8-6 試述實驗室化學品濺漏時處理之原則為何？

8-7 試述如何做好實驗室安全之工作？

參考文獻

1.《毒性化學物質專業技術管理人員講習教材》，行政院環境保護署環境保護人員訓練所 (1993)。

2.《學校實驗室環保安衛手冊》，教育部環境保護小組(1991)。

3.黃清賢，《工業安全與管理》，三民書局 (1989)。

4.李文斌，《工業安全與衛生》，前程企業管理公司 (1995)。

5.鄭世岳等，《工業安全與衛生》，文京圖書公司 (1995)。

6.徐永年，〈我國緊急醫療救護體系與化學災害防治〉，《第二屆化學災害預防技術研討會論文集》 (1995)。

7.A. Keith Furr, *CRC Handbook of Laboratory Safety*, 4th ed., CRC Press, Inc. (1995).

8.《化學工業安全概論》，教育部環境保護小組 (1992)。

9.《危險物及有害物通識規則執行人員訓練班教材》，行政院勞工委員會 (1995)。

10.《工業安全專欄合訂本》，中山科學研究院工業安全委員會。

第九章

實驗室人員安全衛生之教育訓練

　　本章主要說明實驗室人員應具備有關安全衛生方面之基本常識，以便具備管理實驗室之基本能力，達到提供安全衛生之舒適環境之目的。

9-1　行政主管及學生應有之安全衛生學職專長

一、行政主管人員應有之安全衛生常識

　　一般人對於安全的認知，多半是由經驗而來，由於人為疏忽或上級單位督導考核不周，實驗室意外災害仍不斷發生。一個**單位主事者**對**實驗室安全的重視程度**卻是**管理成敗的主要因素**，但是行政主管人員如何**落實督導**及**考核的職責**實為一個成功管理的**主要關鍵**。實驗室**化學品管理**及**申請管制流程的監控**尤其重要。所以，行政主管人員除以**定期**及**不定期方式**抽查各項**危險性化學品管制使用現況**外，尚必須熟悉督導各單位實驗室**災害緊急應變計劃內容**及**演練的實施**，以期使實驗室災害發生機率及傷害程度降至最低限度。

二、學生應有之安全衛生常識

　　不同的實驗室其作業條件及環境亦不相同，成員也不同。教育訓練機構其所用之化學藥品之化學性質及反應過程產生的結果均在控制下，比較安全，但學生之經驗均不足，所以人員安全管理是重點。因此，實驗室進行之安全教育就顯得格外重要。實施過程應要求學生需具備以下的常識：

　　1.實驗室安全衛生管理守則。
　　2.實驗室各項安全衛生硬體設施操作方法瞭解。

3.實驗室緊急災害應變基本處置方式及演練。

4.廢棄物分類規則。

5.實驗室常用危險性化學品物質安全資料及通識規則之熟悉。

9-2 實驗室人員應有之安全衛生學職專長

實驗室人員及供應商對於各種化學品、儀具、及設備之安全管理使用之知識，並非每一個人皆能瞭解，在這科技文明爆發的時代裡，幾乎每天都有新技術、新產品的誕生，實驗室研究活動成果，功不可沒，但實驗進行過程產生各種廢污特性不易掌握，可能會造成環境污染，直接影響人員的安全與健康。因此，要了解這些新事物潛在的危險，也不是一般人之能力所及，為了**提昇實驗過程的安全性**及**作業環境衛生條件**之改善，實驗室人員對於**基本安全衛生知識的認知**也日漸重要。如何防範各種意外災害的發生，實為實驗室管理人員所努力的方向，以期能使實驗室環境達到安全舒適之目標。實驗室人員應具備的基本安全衛生常識，將分別作一介紹。

9-2-1 實驗室基本安全常識

實驗室安全文化係基於一個觀念，即是「以往的學校教育，以前的工作經驗，並不能保障目前實驗室工作的安全」[1]。由於，實驗室存在許多潛在的危害，而危害事故卻一再發生，分析主要原因為人為的疏忽。因此，**一個強調本質安全的實驗室文化，除藉由安全衛生硬體及個人防護設施消極式的擴充加強外，更應教**

導實驗室人員對於各項設備儀器操作基本安全規範常識的認知及安全教育訓練課程落實的積極作為，使實驗室安全管理為一全方位的工作，以期使不安全環境及不安全動作的因素清除。因此，實驗室的安全皆需進行職前及在職訓練加以達成。

9-2-2　實驗室基本衛生常識

　　舒適、安全、清潔為每一實驗室管理工作所要追求的目標，由於實驗室普遍使用化學藥品的結果，造成作業環境衛生條件的改變，有害物質充斥在環境周圍，因此需藉由行政管理及工程技術，配合物理、化學、醫學、毒物學及工程方面之知識，去改善作業環境之衛生條件，將潛在危害因素去除，以達到提供安全衛生實驗室環境之目的。

　　在這科技發達的今日，各行業分工日趨精細，作業環境已不是以前的單純化，實驗室衛生問題也日益複雜，較重要的項目如溫濕度、照明、通風排氣、噪音振動、粉塵、有機溶劑、特定有害化學物質、缺氧及個人衛生防護具，因此，欲控制實驗室衛生之問題，須充分了解上述足以影響健康之物質[2]。

9-2-3　作業環境測定基本知識[3-5]

　　認知、評估及管制三階段為實驗室安全衛生控制之基本原則，即事先了解危害環境之狀況，再利用儀器或採樣技術進行評估，最後再根據評估結果判斷其危害環境程度大小，是否需要進行控制，如採工程技術控制時，仍需評估控制之結果是否達到保護作業人員之安全與健康。而評估技術則有賴作業環境測定才能完成，故作業環境測定在實驗室安全衛生環境之認定上，佔極重

要之地位。

作業環境測定及其評估標準，早見於民國六十三年公佈之作業環境空氣中有害物質容許濃度標準及勞工安全衛生設施規則之衛生章，行政院勞工委員會於民國七十七年又發佈「勞工作業環境測定實施要點」，以便掌握作業環境暴露狀況，必要時再謀求改善對策。

進行作業環境測定，其必備基本常識有：
1.採樣策略。
2.各種採樣儀器之特性。
3.物理化學及生物因子之採樣測定分析。
4.採樣測定結果之評估。

9-3 實驗室人員應有之安全衛生教育訓練

實驗室負責或管理人員應有之安全衛生教育訓練依不同性質實驗室而選擇教育訓練之課程，對於一般安全衛生常識之充實則不可忽略。例如單元操作及機械實習工廠，偏重於安全課題較多，但無論何種作業環境之衛生問題皆無法避免，如採光、照明、通風排氣及噪音振動等，故實驗室管理人員能有全面性的概念，以便進行作業環境之安全衛生之評估與管制。對於實驗室人員應有之安全教育、衛生教育、作業環境測定之教育訓練課程名稱及上課時數如附表 B9-1 所示。

9-4 結 論

實驗室人員要落實實驗室安全衛生管理工作，必須每一位人

員隨時具有安全的警覺心，一個成功的安全文化，**人員教育訓練管理是否落實為一重要的工作**。由於，時代在進步，各種實驗室作業環境條件亦在改變，性質不同的實驗室，作業環境之安全衛生要求標準各異，對於實驗室基本之安全衛生常識的認知是相同的。基於各項基本安全衛生常識的充實，並落實於教育訓練課程配合，以培養實驗室管理人員處理作業環境之安全衛生改善及緊急應變的能力，以期使實驗室意外危害發生之機率降低，並提供安全衛生舒適的環境。

參考文獻

1.倪福成,《實驗室安全衛生之探討》,中山科學研究院 (1995)。

2.《檢驗室之安全衛生規劃》, 行政院環境保護署環境檢驗所環境檢驗參考資料 (1990)。

3.《勞工檢查法規解釋彙編》,行政院勞工委員會編印 (1990)。

4.《安全檢查與衛生檢查》,行政院勞工委員會編印 (1990)。

5.《作業環境測定》, 行政院勞工委員會編印 (1990)。

附錄　A

A4-1 標示內容

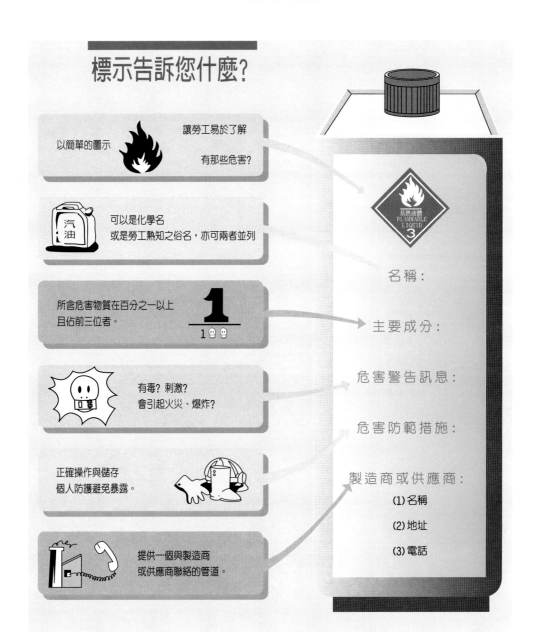

A8-2 安全標示之範例

儲放工具護具指示標誌

 口罩
 面罩
 安全眼鏡
 手套
 安全鞋
 安全帽

滅火器　滅火器➡　⬅滅火器　消防栓

滅火器　滅火器↓　消防設備↓　消防栓　消防砂　消防水槽　嚴禁煙火　禁煙　危險　行走中禁煙　消防警鈴　高溫作業區

請勿靠近高溫危險　嚴禁堆高機卡車進入　請勿靠近高壓危險　嚴禁擅設電氣入備　請勿使用電梯檢修中　請配帶防護具有機溶劑使用時　第一種有機溶劑　成分第二種有機溶劑　請勿操作電氣修護中　第三種有機溶劑

危險物製造場　禁止送電　危險物品儲存處　危險物之類別第　類／危險物名稱：／最大儲存量　管理員責人　加油中禁止轉動　嚴禁煙火　高壓氣體製造場　高壓氣體儲存處　嚴禁潮濕　禁止進入　噪音區請配帶耳塞　未經許可嚴禁擅入

嚴禁擅入危險區域　嚴禁吸煙　閒入勿進　請勿操作試驗中　非經允許禁止操作　機器運轉中　危險運轉中　禁止進入　安全眼鏡　此區域需戴　瓶閥打開使用前需將　使用砂輪機需戴安全護目鏡或面罩　拔瓶頭前需確認無餘氣後再拔　空瓶

請勿靠近送電中　修理中　工作中　閒入免進機入房重地　禁止送電工作中　汽機車禁止進入　1 本設備操作時雙手應使用夾具。2 換模或停機時應使用安全塊防止模具脫落　禁止飲食吸煙工作場所　請勿動手檢修中

禁煙 NO SMOKNG（D-511）　危險物料倉庫（D-512）　高壓危險（D-513）　停車檢查（D-514）　電焊指定地點（D-516）　嚴禁煙火（D-517）

請勿停車　施工中請勿入內　吸煙處　休息室　升降機限戴重　公斤

請配帶安全保護具　擔架存放處　當心地面　使用安全保護具　注意頭上

吸煙處　保持清潔　安全＋第一　安全✚衛生　遵守工作守則　嚴禁煙火

禁止吸煙　出口處　在有載下人得開啟　倉庫重地非請勿入　禁止轉動　注意墜落物　小心觸電　滅火器↓

操作中　禁止送電　不得開啟　消防防火責任者：／值日者：

附錄　B

表 B2-1　勞工安全衛生法內容要點

章　次	章 節 名	內容要點
第一章	總　則	・立法目的。 ・勞工、雇主、事業單位、職業災害等名詞定義。 ・主管機關。 ・本法適用範圍。
第二章	安全衛生設施	・防止各種危害應有必要之安全衛生設備，就業場所及為保護勞工健康及安全設備應妥為規劃，並採取必要措施。 ・符合防護標準之機械、器具之強制性。 ・作業環境測定，危險物及有害物之標示。 ・危險性機械或設備之檢查及管理。 ・工作場所建築設計。 ・立即發生危險之虞及其工作場所人員強制撤離。 ・特殊危害作業之工作時間及休息。 ・勞工健康管理及醫護。
第三章	安全衛生管理	・勞工安全衛生組織及自動檢查。 ・危險性機械或設備之操作人員資格。 ・工程承攬之安全衛生。 ・童工、女工從事危險性／有害性工作限制。 ・勞工安全衛生教育、訓練。 ・安全衛生規定之宣導。 ・安全衛生工作守則。
第四章	監督與檢查	・勞工安全衛生諮詢委員會。 ・檢查、限期改善、停工規定。 ・職業災害之處理、記錄統計。 ・勞工安全衛生申訴。
第五章	罰　則	・違反規定之有期徒刑、拘役、罰金等處分。 ・罰鍰之強制執行。
第六章	附　則	・獎助及輔導。 ・施行細則之制定。 ・公佈施行。

表 B2-2 勞工體系暨相關法規

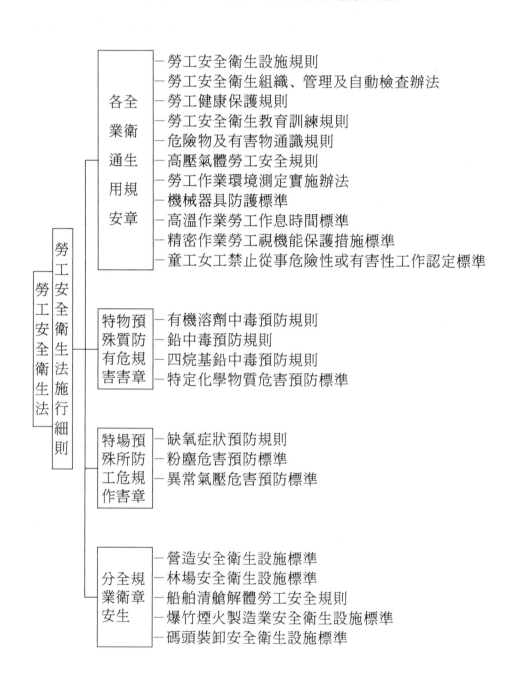

勞工安全衛生法
├─ 勞工安全衛生法施行細則
│ ├─ 各業通用規安章（全業衛生通用規安章）
│ │ ├─ 勞工安全衛生設施規則
│ │ ├─ 勞工安全衛生組織、管理及自動檢查辦法
│ │ ├─ 勞工健康保護規則
│ │ ├─ 勞工安全衛生教育訓練規則
│ │ ├─ 危險物及有害物通識規則
│ │ ├─ 高壓氣體勞工安全規則
│ │ ├─ 勞工作業環境測定實施辦法
│ │ ├─ 機械器具防護標準
│ │ ├─ 高溫作業勞工作息時間標準
│ │ ├─ 精密作業勞工視機能保護措施標準
│ │ └─ 童工女工禁止從事危險性或有害性工作認定標準
│ ├─ 特殊物質預防有害危害規章
│ │ ├─ 有機溶劑中毒預防規則
│ │ ├─ 鉛中毒預防規則
│ │ ├─ 四烷基鉛中毒預防規則
│ │ └─ 特定化學物質危害預防標準
│ ├─ 特殊場所預防工作危害規章
│ │ ├─ 缺氧症狀預防規則
│ │ ├─ 粉塵危害預防標準
│ │ └─ 異常氣壓危害預防標準
│ └─ 分業全衛規章安生
│   ├─ 營造安全衛生設施標準
│   ├─ 林場安全衛生設施標準
│   ├─ 船舶清艙解體勞工安全規則
│   ├─ 爆竹煙火製造業安全衛生設施標準
│   └─ 碼頭裝卸安全衛生設施標準

表 B3-2　健康、安全、火災及反應之等級尺度

等級尺度	健　康	安　全	火　災	反　應
4	短暫的暴露導致死亡	80–100%機率發生嚴重意外事故，意外事故中非常可能導致死亡或嚴重傷害	閃點 < 23℃	可能爆炸
3	增加暴露時間導致死亡，短暫的暴露導致嚴重傷害	60–80%機率發生意外事故，意外事故可能導致死亡或嚴重傷害	閃點 < 23℃且沸點 > 38℃或閃點 < 38℃	震盪或熱可能爆炸
2	增加暴露時間導致嚴重傷害，短暫的暴露導致輕微的傷害	40–60%機率發生意外事故，意外事故可能產生傷害	閃點 < 94℃	劇烈化學反應
1	增加暴露時，會導致刺激或輕微的傷害	20–40%機率發生意外事故，意外事故中導致輕微傷害	閃點 > 94℃	熱安定性
0	增加暴露時，也不會導致刺激或輕微的傷害	6–20%機率發生意外事故，意外事故中不會導致輕微傷害	不可燃	安定

表 B3-3 化學實驗教育之健康與安全危害等級標示

實驗類別	健康／安全
酸鹼	2/1
化學族	3/2
化學及物理變化	2/2
傳導性及離子化	2/1
結晶	0/0
量測密度	0/0
平衡	1/1
氣體定律	4/1
熱反應	2/3
量測	1/0
有機化學	2/3
氧化及還原	2/1
定性分析	0/1
輻射化學	0/0
科學上的方法及程度	0/1
化學計量學	2/2
反應率	0/0
溶解	2/1
熱化學量測	2/2

表 B3-5 防護衣具等級分類表

防護級數	A	B
環境狀況	1.高濃度蒸氣、氣體或懸浮微粒的已知有害物質存在下，對皮膚、眼睛及呼吸系統需要最好防護；或在有害蒸氣、氣體或懸浮微粒存在的工作環境中，能產生未預期的噴濺、浸泡或其他曝露狀況，已知此有害物質對皮膚有危害性或可能經皮膚吸收。 2.已知對皮膚有很大危害性的物質存在或可能存在，並且可能接觸至皮膚。 3.通風不良區域。	1.已知濃度和種類的有害物，對呼吸系統需要最好防護，對皮膚則次之。 2.空氣中含氧量小於 19.5%。 3.由有機氣體監測器讀出有不明蒸氣或氣體存在，但是此蒸氣或氣體對皮膚不會嚴重傷害或經由皮膚吸收。
防護具	1.正壓全面式的自攜式空氣呼吸器。 2.氣密式連身防護衣。 3.防護手套。 4.防護鞋（靴）。	1.正壓全面式的自攜式空氣呼吸器。 2.包含自攜式空氣呼吸器的正壓式輸氣管面罩。 3.非氣密式連身防護衣。 4.防護手套。 5.防護鞋（靴）。
備註	當作業環境中有害物質濃度高達立即致死濃度、立即致病濃度或造成影響逃生能力的傷害時，需使用 A 級呼吸防護具。	空氣中的有害物質，經由呼吸會造成嚴重傷害，但是對皮膚無顯著的危害；或仍未達使用空氣濾清式的呼吸防護具標準的污染環境中適用 B 級防護具。

防護級數	C	D
環境狀況	1.空氣中有污染物存在，會有液體飛濺或其他方法接觸，但不會對曝露之皮膚造成傷害或經由皮膚吸收。 2.已知空氣中污染物濃度、種類，並且可用空氣濾清式口罩達到過濾污染空氣效果。 3.其他可適用空氣濾清式口罩的狀況。	1.空氣中無污染物。 2.無飛濺、無浸泡、無吸入或接觸上的危險。
防護具	1.全面式或半面式的空氣濾清式口罩。 2.一件或兩件式化學防濺衣。 3.防護手套。 4.防護鞋（靴）。	1.通常此狀況無需呼吸防護具。 2.防護鞋（靴）。
備註		

表 B3-6   危害等級及防護具使用邏輯

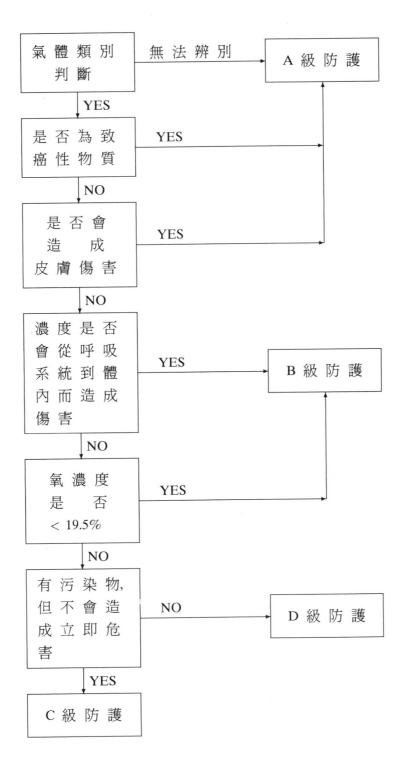

表 B3-7 依法應實施自動檢查之設備、機械與作業

檢 查 種 類	安自 辦法	檢 查 方 式	檢 查 週 期	檢查項目	規定事項	紀錄 保存 年限	應訂定自 動檢查計 畫者打√
電氣機 車、蓄 電池機 車、電 車蓄電 池電車	14	定 期	每三年	整體檢查。		三年	√
		定 期	每 年	電動機、控制裝置、制動器、自動遮斷器、車架、連結裝置、蓄電池、避雷器、配線、接觸器具及各種儀表之有無異常。		三年	√
		定 期	每 月	電路、制動器及連結裝置有無異常。		三年	√
內燃機 車及內 燃動力 車	14	定 期	每三年	整體檢查。		三年	√
		定 期	每 年	引擎、動力傳動裝置、制動器、車架、連結裝置及各種儀表之有無異常。		三年	√
		定 期	每 月	制動器及連結裝置之有無異常。		三年	√
蒸氣機 車	14	定 期	每三年	整體檢查。		三年	√
		定 期	每 年	氣缸、閥、蒸氣管、調壓閥、安全閥及各種儀表之有無異常。		三年	√
		定 期	每 月	火室、易熔栓、水位計、給水裝置、制動器及連結裝置之有無異常。		三年	√
捲揚裝 置	14	定 期	每三年	整體檢查。		三年	√
		定 期	每 年	電動機、動力傳動裝置、捲胴、制動器、鋼索、鋼索按裝裝置、安全裝置及各種儀表之有無異常。		三年	√
		定 期	每 月	制動器、鋼索、鋼索按裝裝置之有無異常。		三年	√

檢　查 種　　類	安自 辦法	檢　查 方　式	檢　查 週　期	檢查項目	規定事項	紀錄 保存 年限	應訂定自 動檢查計 畫者打√
一般車 輛	15	定　期	定　期	車輛各項安全性能。		三年	√
	47	作業前 檢　點	每　日	制動器。			
車輛系 營建機 械		定　期	定　期	整體檢查。		三年	√
	16	定　期	每　月	1.制動器、離合器、操 作裝置及作業裝置之 有無異常。 2.鋼索及鏈等之有無損 傷。 3.吊斗之有無損傷。			
	47	作業前 檢　點	每　日	制動器。			√
堆高機		定　期	每　年	整體檢查。		三年	√
	17	定　期	每　月	1.制動裝置、離合器及 方向裝置。 2.積載裝置及油壓裝 置。 3.頂蓬及桅桿。			√
	47	作業前 檢　點	每　日	制動器。			√
動力驅 動之離 心機械	18	定　期	每　年	FD 1.回轉體。 　2.主軸軸承。 　3.制動器。 　4.外殼。 　5.前各款之附屬螺 　　栓。		三年	√
		定　期	每　年	整體檢查。 （含荷重試驗一次）	雇主認無實施前項 荷重試驗之必要, 得報經檢查機構核 准後省略之。第一 項之荷重試驗,係 將相當於額定荷重 之荷物,於額定速 度下實施吊升、直 行、旋轉等動作試 驗。	三年	√

續表 B3–7

檢查種類	安自辦法	檢查方式	檢查週期	檢查項目	規定事項	紀錄保存年限	應訂定自動檢查計畫者打√
固定式起重機	19	定期	每月	1.過捲預防裝置、警報裝置、制動器、離合器及其他安全裝置有無異常。 2.鋼索及吊鏈有無損傷。 3.吊鉤、抓斗等吊具有無損傷。 4.配線、集電裝置、配電盤、開關及控制裝置有無異常。 5.對於纜索固定式起重機之鋼纜等及絞車裝置有無異常。			√
	48	作業前檢點	每日	1.過捲預防裝置、制動器、離合器及控制裝置性能。 2.直行軌道及吊運車橫行之導軌狀況。 3.鋼索運行狀況。	對置於瞬間風速可能超過每秒三十公尺或四級以上地震後之固定式起重機,應實施各部安全狀況之檢點。		√
移動式起重機	20	定期	每年	整體檢查。 (含荷重試驗一次)	雇主認無實施前項荷重試驗之必要,得報經檢查機構核准後省略之。第一項之荷重試驗,係將相當於額定荷重之荷物,於額定速度下實施吊升旋轉、走行等動作試驗。	三年	√
移動式起重機		定期	每月	1.過捲預防裝置、警報裝置、制動器、離合器及其他安全裝置有無異常。 2.鋼索及吊鏈有無損傷。 3.吊鉤、抓斗等吊具有無損傷。		三年	√

檢查種類	安自辦法	檢查方式	檢查週期	檢查項目	規定事項	紀錄保存年限	應訂定自動檢查計畫者打✓
				4.配線、集電裝置、配電盤、開關及控制裝置有無異常。			
	49	作業前檢點	每日	過捲預防裝置、過負荷警報裝置、制動器、離合器、控制裝置及其他警報裝置之性能實施檢點。			✓
人字臂起重桿	21	定期	每年	整體檢查。（含荷重試驗一次）	雇主認無實施前項荷重試驗之必要，得報經檢查機構核准後省略之。第一項之荷重試驗，係將相當於額定荷重之荷物，於額定速度下實施吊升、旋轉及吊桿之起伏等動作試驗。	三年	✓
		定期	每月	1.過捲預防裝置、制動器、離合器及其他安全裝置有無異常。 2.捲揚機之安置狀況。 3.鋼索有無損傷。 4.導索之結頭部分有無異常。 5.吊鉤、抓斗等吊具有無損傷。 6.配線、開關及控制裝置有無異常。		三年	✓
	50	作業前檢點	每日	1.過捲預防裝置、制動器、離合器及控制裝置性能。 2.鋼索通過部分狀況。	對置於瞬間風速可能超過每秒三十公尺（以設於室外者為限）或四級以上地震後之人字起重桿，應就其安全狀況實施檢點。		✓

檢查種類	安自辦法	檢查方式	檢查週期	檢查項目	規定事項	紀錄保存年限	應訂定自動檢查計畫者打√
升降機		定期	每年	整體檢查。（含荷重試驗一次）	雇主認無實施前項荷重試驗之必要，得報經檢查機構核准後省略之。第一項之荷重試驗，係將相當於額定荷重之荷物，於額定速度下實施升降動作試驗。	三年	√
	22	定期	每月	1.終點極限開關、緊急停止裝置、制動器、控制裝置及其他安全裝置有無異常。2.鋼索或吊鏈有無損傷。3.導軌之狀況。4.設置於室外之升降機者，為導索結頭部分有否異常。		三年	√
營建用提升機	23	定期	每月	1.制動器及離合器有無異常。2.捲揚機之安裝狀況。3.鋼索有無損傷。4.導索之固定部分有無異常。		三年	√
	51	作業前檢點	每日	1.制動器及離合器性能。2.鋼索通過部分狀況。			√
吊籠	24	定期	每月	1.過捲預防裝置、制動器、控制裝置及其他安全裝置有無異常。2.吊臂、伸臂及工作台有無損傷。3.升降裝置、配線、配電盤有無異常。		三年	√
				1.鋼索及其緊結狀態有無異常。2.扶手等有無脫離。	如遇強風、大雨、大雪等惡劣氣候應實施第三款至第五		

檢查種類	安自辦法	檢查方式	檢查週期	檢查項目	規定事項	紀錄保存年限	應訂定自動檢查計畫者打✓
	52	作業前檢點	每日	3.過捲預防裝置、制動器、控制裝置及其他安全裝置之機能有無異常。 4.升降裝置之檔齒機能。 5.鋼索通過部分狀況。	款之檢點。		✓
簡易升降機	25	定期	每年	整體檢查。 （含荷重試驗一次）	前項荷重試驗,係將相當於該積載荷重之荷物,於額定速度下實施升降動作試驗。	三年	✓
		定期	每月	1.過捲預防裝置、制動器、控制裝置及其他安全裝置有無異常。 2.鋼索及吊鏈有無損傷。 3.導軌狀況。		三年	✓
	53	作業前檢點	每日	制動性能。			✓
起重機械使用之吊掛用鋼索、吊鏈纖維索、吊鈎、吊索、鏈環等用具	54	作業前檢點	每日	作業前之檢點。			✓
動力驅動之衝剪機械	26	定期	每年	1.離合器及制動裝置。 2.曲柄軸、飛輪、滑塊、連結螺栓及連桿。 3.止複變裝置及緊急制動器。 4.電磁閥、減壓閥及壓力表。 5.配線及開關。		三年	✓

檢查種類	安自辦法	檢查方式	檢查週期	檢查項目	規定事項	紀錄保存年限	應訂定自動檢查計畫者打√
	55	作業前檢點	每日	1.離合器及制動裝置。 2.曲柄軸、飛輪、滑塊、連結螺栓之有無鬆懈狀況。 3.止複變裝置及緊急制動裝置之機能。 4.安全裝置之性能。 5.電氣、儀錶。		三年	√
乾燥設備及其附屬設備	27	定期	每年	1.內面、外面及外部之棚櫃等有否損傷、變形或腐蝕。 2.危險物之乾燥設備中，排出因乾燥產生之氣體、蒸氣或粉塵等之設備有無異常。 3.使用液體燃料或可燃性液體為熱源之乾燥設備，燃燒室或點火處之換氣設備有無異常。 4.窺視孔、出入孔、排氣孔等開口部有無異常。 5.內部溫度測定裝置及調整裝置有無異常。 6.設置於內部之電氣機械器具或配線有無異常。		三年	√
乙炔熔接裝置（除此等裝置之配管理設於地下之部份外）	28	定期	每年	裝置之損傷、變形、腐蝕等及其性能。		三年	√

檢查種類	安自辦法	檢查方式	檢查週期	檢查項目	規定事項	紀錄保存年限	應訂定自動檢查計畫者打✓
氣體集合熔接裝置（除此裝置之配管埋設於地下之部份外）	29	定期	每年	裝置之損傷、變形、腐蝕等及其性能。		三年	✓
高壓電氣設備	30	定期	每三個月	1.高壓受電盤及分電盤（含各種電驛、儀表及其切換開關等）之動作試驗。 2.高壓用電設備絕緣情形；接地電阻及其他安全設備狀況。 3.自備屋外高壓配電線路情況。		三年	✓
設於工廠、電廠、礦場或營造工地之低壓電氣設備	31	定期	每六個月	1.低壓受電盤及分電盤（含各種電驛、儀表及其切換開關等）之動作試驗。 2.低壓用電設備絕緣情形；接地電阻及其他安全設備狀況。 3.自備屋外低壓配電線路情況。		三年	✓
				1.鍋爐本體有無損傷。 2.燃料裝置： (1)油加熱器及燃料輸送裝置有無損傷。 (2)噴燃器有無損傷及污髒。 (3)過濾器有無堵塞或損傷。 (4)燃燒器瓷質部及爐壁有無污髒及			

檢查種類	安自辦法	檢查方式	檢查週期	檢查項目	規定事項	紀錄保存年限	應訂定自動檢查計畫者打✓
鍋爐	32	定期	每月	損傷。 ⑸加煤機及爐篦有無損傷。 ⑹煙道有無洩漏、損傷及風壓異常。 3.自動控制裝置： ⑴自動起動停止裝置、火燄檢出裝置、燃料切斷裝置、水位調節裝置、壓力調節裝置機能有無異常。 ⑵電氣配線端子有無異常。 4.附屬裝置及附屬品： ⑴給水裝置有無損傷及作動狀態。 ⑵蒸氣管及停止閥有無損傷及保溫狀態。 ⑶空氣預熱器有無損傷。 ⑷水處理裝置機能有無異常。		三年	✓
第一種壓力容器	33	定期	每月	1.本體有無損傷。 2.蓋板螺栓有無損耗。 3.管及閥有無損傷。		三年	✓
小型鍋爐	34	定期	每年	1.本體有無損傷。 2.燃燒裝置有無異常。 3.自動控制裝置有無異常。 4.附屬裝置及附屬品性能是否正常。 5.其他保持性能之必要事項。		三年	✓
				1.內面及外面是否顯著損傷、裂痕、變形及腐蝕。			

檢查種類	安自辦法	檢查方式	檢查週期	檢查項目	規定事項	紀錄保存年限	應訂定自動檢查計畫者打✓
第二種壓力容器	35	定期	每年	2.蓋、凸緣、閥、旋塞等有否異常。 3.安全閥、壓力表與其他安全裝置之性能有否異常。 4.其他保持性能之必要事項。		三年	✓
	44	重點檢查	初次使用	1.確認胴體、端板之厚度是否與製造廠所附資料符合。 2.確認安全閥吹洩量是否足夠。 3.各項尺寸、附屬品與附屬裝置是否與容器明細表符合。 4.經實施耐壓試驗無局部性之膨出、伸長或洩漏之缺陷。 5.其他保持性能之必要事項。		三年	✓
小型壓力容器	36	定期	每年	1.本體有無損傷。 2.蓋板螺栓有否異常。 3.管及閥等有否異常。 4.其他保持性能之必要事項。		三年	✓
高壓氣體儲存能力在一百立方公尺或一公噸以上之儲槽	37	定期	每年	沉陷狀況。		三年	✓
				1.特定化學設備或其附屬設備（不含配管）： (1)內部有否足以形成其損壞原因之			

續表 B3-7

檢 查 種 類	安自 辦法	檢 查 方 式	檢 查 週 期	檢查項目	規定事項	紀錄 保存 年限	應訂定自 動檢查計 畫者打√
特定化 學設備 或其附 屬設備	38	定 期	每二年	物質存在。 ⑵內面及外面是否顯著損傷、變形及腐蝕。 ⑶蓋、凸緣、閥、旋塞等之狀態。 ⑷安全閥、緊急遮斷裝置與其他安全裝置及自動警報裝置之性能。 ⑸冷卻、攪拌、壓縮、計測及控制等性能。 ⑹備用動力源之性能。 ⑺其他為防止丙類第一種物質或丁類物質之漏洩之必要事項。 2.配管： ⑴熔接接頭有否損傷、變形及腐蝕。 ⑵凸緣、閥、旋塞等之狀態。 ⑶鄰接於配管之供為保溫之蒸氣管接頭有否損傷、變形或腐蝕。		三年	√
化學設 備及其 附屬設 備	39	定 期	每二年	1.內部是否有可能造成爆炸或火災之虞之情形。 2.內部及外部是否顯著之損傷、變形及腐蝕。 3.蓋板、凸緣、閥、旋塞等之狀態。 4.安全閥或其他安全裝置、壓縮裝置、計測裝置之性能。		三年	√

檢查種類	安自辦法	檢查方式	檢查週期	檢查項目	規定事項	紀錄保存年限	應訂定自動檢查計畫者打✓
				5.冷卻裝置、攪拌裝置、壓縮裝置、計測裝置及控制裝置之性能。 6.預備電源或其代用裝置之性能。 7.前項各款外，防止爆炸或火災之必要事項。			
局部排氣裝置空氣清淨裝置及吹吸型換氣裝置	40	定期	每年	1.氣罩、導管及排氣機之磨損、腐蝕、凹凸及其他損害之狀況及程度。 2.導管或排氣機之塵埃聚積狀況。 3.排氣機之注油潤滑狀況。 4.導管接觸部之狀況。 5.連接電動機與排氣機之皮帶之鬆弛狀況。 6.吸氣及排氣之能力。 7.其他保持性能之必要事項。		三年	✓
設置於局部排氣裝置內之空氣清淨裝置	41	定期	每年	1.構造部分之磨損、腐蝕及其他損壞之狀況及程度。 2.除塵裝置內部塵埃堆積之狀況。 3.濾布式除塵裝置者，有濾布之破損及安裝部分鬆弛之狀況。 4.其他保持性能之必要措施。		三年	✓
局部排氣裝置或除塵設備	45	重點檢查	開始使用拆卸改裝或修理時	1.導管或排氣機粉塵之聚積狀況。 2.導管接合部分之狀況。		三年	✓

檢查種類	安自辦法	檢查方式	檢查週期	檢查項目	規定事項	紀錄保存年限	應訂定自動檢查計畫者打√
				3.吸氣及排氣之能力。 4.其他保持性能之必要事項。			
特定化學設備或其附屬設備	38	定期	每二年	1.特定化學設備或其附屬設備（不含配管）： (1)內部有否足以形成其損壞原因之物質存在。 (2)內面及外面是否顯著損傷、變形及腐蝕。 (3)蓋、凸緣、閥、旋塞等之狀態。 (4)安全閥、緊急遮斷裝置與其他安全裝置及自動警報裝置之性能。 (5)冷卻、攪拌、壓縮、計測及控制等性能。 (6)備用動力源之性能。 (7)其他為防止丙類第一種物質或丁類物質之漏洩之必要事項。 2.配管： (1)熔接接頭有否損傷、變形及腐蝕。 (2)凸緣、閥、旋塞等之狀態。 (3)鄰接於配管之供為保溫之蒸氣管接頭有否損傷、變形或腐蝕。		三年	√
				1.內部是否有可能造成爆炸或火災之虞之情形。			

檢　查種　類	安自辦法	檢　查方　式	檢　查週　期	檢查項目	規定事項	紀錄保存年限	應訂定自動檢查計畫者打√
化學設備及其附屬設備	39	定　期	每二年	2.內部及外部是否顯著之損傷、變形及腐蝕。 3.蓋板、凸緣、閥、旋塞等之狀態。 4.安全閥或其他安全裝置、壓縮裝置、計測裝置之性能。 5.冷卻裝置、攪拌裝置、壓縮裝置、計測裝置控制裝置之性能。 6.預備電源或其代用裝置之性能。 7.前項各款外，防止爆炸或火災之必要事項。		三年	√
局部排氣裝置空氣清淨裝置及吹吸型換氣裝置	40	定　期	每　年	1.氣罩、導管及排氣機之磨損、腐蝕、凹凸及其他損害之狀況及程度。 2.導管或排氣機之塵埃聚積狀況。 3.排氣機之注油潤滑狀況。 4.導管接觸部之狀況。 5.連接電動機與排氣機之皮帶之鬆弛狀況。 6.吸氣及排氣之能力。 7.其他保持性能之必要事項。		三年	√
設置於局部排氣裝置內之空氣清淨裝置	41	定　期	每　年	1.構造部分之磨損、腐蝕及其他損壞之狀況及程度。 2.除塵裝置內部塵埃堆積之狀況。 3.濾布式除塵裝置者，有濾布之破損及安裝		三年	√

檢查種類	安自辦法	檢查方式	檢查週期	檢查項目	規定事項	紀錄保存年限	應訂定自動檢查計畫者打√
				部分鬆弛之狀況。 4.其他保持性能之必要措施。			
局部排氣裝置或除塵設備	45	重點檢查	開始使用、拆卸、改裝或修理時	1.導管或排氣機粉塵之聚積狀況。 2.導管接合部分之狀況。 3.吸氣及排氣之能力。 4.其他保持性能之必要事項。		三年	√
高壓氣體製造設備	57	檢點	使用開始前及使用終了	檢點該設備有否異常。			√
		檢點	每日一次以上	依所製造之高壓氣體種類及製造設備之動作狀況實施檢點。			√
高壓氣體消費設備	58	檢點	使用開始前及使用終了後	檢點設備有否異常。			√
		檢點	每日一次以上	就該設備之動作狀況實施檢點。			√
異常氣壓之再壓室	42	定期	每月	1.輸氣設備及排氣設備之動作狀況。 2.通話設備及警報裝置之動作狀況。 3.電路有否漏電。 4.電器、機械器具及配線有否損傷及其他異常。			√
		重點檢查		重點檢查。	輸氣設備初次使用或予分解後加以改造、修理或停用一個月以上擬再度使用時。	三年	√

檢查種類	安自辦法	檢查方式	檢查週期	檢查項目	規定事項	紀錄保存年限	應訂定自動檢查計畫者打√
異常氣壓之輸氣設備	46	檢　點		應迅即使勞工自沈箱、壓氣潛盾等撤離,避免危難,應即檢點輸氣設備之有否異常,沈箱等之有否異常沈降或傾斜及其他必要事項。	輸氣設備發生故障或因出水或發生其他異常,致高壓室內作業勞工有遭受危險之虞時。	三年	√
營造工程之施工架	43	定　期	每　週	1.架材之損傷,安裝狀況。 2.立柱、橫檔、踏腳桁等之固定部分、接觸部分及按裝部分之鬆弛狀況。 3.固定材料與固定金屬配件之損傷及腐蝕狀況。 4.扶手等之拆卸及脫落狀況。 5.基腳之下沈及滑動狀況。 6.斜撐材、索條、橫檔等補強材之狀況。 7.立柱、踏腳桁、橫檔等之損傷狀況。 8.懸臂樑與吊索之按裝狀況及懸吊裝置與阻擋裝置之性能。	每當惡劣氣候襲擊後及每次停工之復工前,均應實施檢查。	三年	√
工業用機器人	56	作業前檢點	每　日	1.制動裝置之機能。 2.緊急停止裝置之機能。 3.接觸防止設施之狀況及該設施與機器人間連鎖裝置之機能。 4.相連機器與機器人間連鎖裝置之機能。 5.外部電線、配管等有否損傷。 6.供輸電壓、油壓及空氣壓有否異常。 7.動作有否異常。	檢點時應盡可能在可動範圍外為之。	三年	√

檢查種類	安自辦法	檢查方式	檢查週期	檢查項目	規定事項	紀錄保存年限	應訂定自動檢查計畫者打√
				8.有否異常之聲音或振動。			
危險性設備作業	59	檢點	作業中	應使該勞工就其作業有關事項實施檢點： 1.鍋爐之操作作業。 2.第一種壓力容器之操作作業。			
高壓氣體作業	60	檢點	作業中	應使該勞工就其作業有關事項實施檢點： 1.高壓氣體之灌裝作業。 2.高壓氣體容器儲存作業。 3.高壓氣體之運輸作業。 4.高壓氣體之廢棄作業。			
工業用機器人之教導及操作作業	61	檢點	作業中	應使該勞工就其作業有關事項實施檢點。			
營造作業	62	檢點	作業中	應使該勞工就其作業有關事項實施檢點： 1.打樁設備之組立及操作作業。 2.擋土支撐之構築作業。 3.露天開挖之作業。 4.隧道、坑道開挖作業。 5.混凝土作業。 6.其他營建作業。			
缺氧危險作業	63	檢點	作業中	應使該勞工就其作業有關事項實施檢點。			
				應使該勞工就其作業有關事項實施檢點：			

檢查種類	安自辦法	檢查方式	檢查週期	檢查項目	規定事項	紀錄保存年限	應訂定自動檢查計畫者打√
有害物質作業	64	檢點	作業中	1.有機溶劑作業。 2.鉛作業。 3.四烷基鉛作業。 4.特定化學物質作業。 5.粉塵作業。			
異常氣壓作業	65	檢點	作業中	應使該勞工就其作業有關事項實施檢點： 1.潛水作業。 2.高壓室內作業。 3.沈箱作業。 4.氣壓沈箱、沈筒、潛盾施工等作業。			
金屬之熔接、熔斷或加熱作業	66	檢點	作業中	應使該勞工就其作業有關事項實施檢點： 1.乙炔熔接裝置。 2.氣體集合裝置。			
危險物之製造、處置作業	67	檢點	作業中	應使該勞工就其作業有關事項實施檢點。			
林場作業	68	檢點	作業中	應使該勞工就其作業有關事項實施檢點。			
船舶清艙解體作業	69	檢點	作業中	應使該勞工就其作業有關事項實施檢點。			
碼頭裝卸作業	70	檢點	作業中	應使該勞工就其作業有關事項實施檢點。			
爆竹煙火製造作業	71	檢點	作業中	應使該勞工就其作業有關事項實施檢點。		三年	
作業中之纖維纜索、乾燥室、防護用具、電							

檢查種類	安自辦法	檢查方式	檢查週期	檢查項目	規定事項	紀錄保存年限	應訂定自動檢查計畫者打√
氣機械器具及自設道路	72	檢　點	作業中	實施檢點。			

※安自辦法：係指「勞工安全衛生組織管理及自動檢查辦法」之簡稱。

表 B3-8　**大專院校八十七年度實驗室、試驗室、實習工廠或實驗工廠安全衛生檢查重點項目**

檢查重點項目	法條	備註
1.應以事業之規模、性質，實施安全衛生管理，並以規定設置勞工安全衛生組織、人員。	勞工安全衛生法 第十四條第一項 （安自辦法 2.3.4.81條）	
2.對於第五條第一項之設備及其作業，應訂定自動檢查計畫實施自動檢查。	勞工安全衛生法 第十四條第二項	
3.對勞工應施以從事工作及預防災變所必要之安全衛生教育、訓練。	勞工安全衛生法 第二十三條	
4.應會同勞工代表訂定適合其需要之安全衛生工作守則，報經檢查機構備查後，公告實施。	勞工安全衛生法 第二十五條	
5.對於經中央主管機關指定具有危險性之機械或設備，非經檢查機關或中央主管機構檢查合格，不得使用；其使用超過規定期間者，非經再檢查合格，不得繼續使用。	勞工安全衛生法 第八條	
6.經中央主管機關指定具有危險性機械或設備之操作人員，雇主應雇用經中央主管機關認可之訓練或經技能檢定之合格人員充任之。	勞工安全衛生法 第十五條	
7.勞工工作場所之通道、地板、階梯應保持不致使勞工跌倒、滑倒、踩傷等之安全狀態，或採取必要之預防措施。	勞工安全衛生設施規則 第二十一條	
8.安全門及安全梯於勞工工作期間內不得上鎖，其通道不得堆積物品。	勞工安全衛生設施規則 第二十七條	
9.工作場所出入口、樓梯、通道、安全門、安全梯等應設適當之採光或照明，必要時並應視需要設置平常照明系統失效時使用之緊急照明系統。	勞工安全衛生設施規則 第三十條 第一款	
10.對於室內工作場所勞工使用之通道應有適應其用途之寬度，其主要人行道不得小於一公尺。	勞工安全衛生設施規則 第三十一條 第一款	
11.緊急避難出口、通道或避難器具應標誌其目的且維持隨時能應用狀態，該出口、通道之門應為外開式。	勞工安全衛生設施規則 第三十四條	
12.機械之原理動機、轉軸、齒輪、飛輪、帶輪、傳動輪、傳動帶等有為危害勞工之虞之部分，應設置護罩、護圍、套胴跨橋等設備。	勞工安全衛生設施規則 第四十三條 第一款	

檢查重點項目	法條	備註
13.用動力運轉之機械，具有顯著危險者應於適當位置設置有明顯標誌之緊急制動裝置。	勞工安全衛生設施規則第四十五條	
14.具有顯著危險之原動機或動力傳動裝置應於適當位置設置緊急制動裝置。	勞工安全衛生設施規則第四十八條	
15.研磨機之輪迴轉對勞工有危害之虞應設置護罩者。	機械器具防護標準第七十條	
16.木材加工用圓盤鋸（製材用圓盤踞及置有自動輪送裝置之圓盤鋸除外），應裝置鋸齒接觸預防裝置。	機械器具防護標準第三十四條	
17.木材加工用帶鋸鋸齒（鋸切所需之部分及鋸床除外）及帶鎢，未設置護罩或護圍等設備。	勞工安全衛生設施規則第四十八條	
18.衝壓剪斷機械應設置安全裝置者。	機械器具防護標準第三十四條	☆
19.離心機械應設置覆蓋及連鎖裝置。	勞工安全衛生設施規則第七十三條第一款	
20.射出成型機、鑄鋼造形機、打模機等有危害勞工之虞者，應設置安全門雙手操作式起動裝置或其他安全裝置。	勞工安全衛生設施規則第八十二條	☆
21.對於高壓氣體容器應標明所裝氣體之品名。	勞工安全衛生設施規則第一○六條第二款	
22.對於高壓氣體容器使用時應加固定。	勞工安全衛生設施規則第一○六條	
23.對於高壓氣體之貯存場所應有適當之警戒標示，禁止煙火接近。	勞工安全衛生設施規則第一○八條第一款	
24.對於高壓氣體之貯存周圍二公尺內放置有煙火及著火性、引火性物品。	勞工安全衛生設施規則第一○八條第二款	
25.對於高壓氣體之貯存，盛裝容器和空容器應分區敬置。	勞工安全衛生設施規則第一○八條第三款	
26.對於可燃性氣體、有毒性氣體及氧氣之鋼瓶應分開貯存。	勞工安全衛生設施規則第一○八條第四款	
27.對於高壓氣體之貯存應安穩置放並加固定及裝妥護蓋。	勞工安全衛生設施規則第一○八條	

檢查重點項目	法條	備註
28.易引起火災及爆炸危險之場所，不得設置有火花、電弧或用高溫成為發火源之虞之機械器具或設備等、及標示嚴禁煙火及禁止無關人員進入，並規定勞工不得使用明火。	勞工安全衛生設施規則第一七一條	☆
29.存有引火性液體之蒸氣或有可燃性氣體滯留而有爆炸或火災之虞者，應於作業前測定該蒸氣氣體之濃度。	勞工安全衛生設施規則第一七七條	
30.雇主對於氣體集合熔接裝置之設置，應選擇距離用火設備五公尺以上之場所，除供移動使用者外，並應設置於專用氣體裝置室內，其牆壁應與該裝置保持適當距離，以供該裝置之操作或氣體容器之更換。	勞工安全衛生設施規則第二一〇條	
31.對於氣體裝置室之設置，應於氣體漏洩時應不致使其滯留於室內。	勞工安全衛生設施規則第二一一條第一款	
32.對於氣體裝置室之設置：室頂及天花板之材料，應使用輕質之不燃性材料建造。	勞工安全衛生設施規則第二一一條第二款	
33.對於氣體裝置室之設置：牆壁之材料，應使用不燃性材料建造，且有相當強度。	勞工安全衛生設施規則第二一一條第三款	
34.對於乙炔熔接裝置及氣體接合熔接裝置之導管及管線：凸緣、旋塞、閥等之接合部分，應使用墊圈使接台面密接。	勞工安全衛生設施規則第二一二條第一款	
35.對於乙炔熔接裝置及氣體集合熔接裝置之導管及管線:為防止氧氣背壓高、氧氣逆流及回火造成危險，應於主管及分歧管設置安全器，使每一吹管有兩個以上之安全器。	勞工安全衛生設施規則第二一二條第二款	
36.對於乙炔熔接裝置及氣體集合熔接裝置從事金屬之熔接、熔斷或加熱之作業，應指派經特殊安全衛生教育、訓練合格人員操作。	勞工安全衛生設施規則第二一六條	
37.對於乙炔熔接裝置及氣體集台熔接裝置從事金屬之熔接、熔斷或加熱之作業，應選任專人辦理有關事項。	勞工安全衛生設施規則第二一八條	
38.對於電氣機具之帶電部分，勞工於作業進行中或通行時，有因接觸或接近致發生感電之虞者，應設防止感電之護圍或絕緣被覆。	勞工安全衛生設施規則第二四一條	
39.對於使用電壓超過一百五十伏特以上之移動式或攜帶式電動機具濕潤場所鋼板上或鋼筋上等導電性良好場所，便用移動式攜帶式電動機具及臨時用電設備為防止因漏電而生感電危害應於各該電路設置適合其規	勞工安全衛生設施規則第二四三條	☆

續表 B3-8

檢查重點項目	法條	備註
格，具有高敏感度能確實動作之感電防止用漏電斷路器。		
40.電焊作業使用之焊接柄，應有相當之絕緣耐力及耐熱性。	勞工安全衛生設施規則 第二四五條	
41.對勞工於作業中或通行時有接觸絕緣被覆配線或移動電線或電氣機具設備之虞者，應有防止絕緣被破壞或老化等致引起感電危害之措施。	勞工安全衛生設施規則 第二四六條	
42.不得於通路上使用臨時配線或移動電線。	勞工安全衛生設施規則 第二五三條	
43.對於電力設備，應置專任技術員或委託電氣技術顧問團體、或電機技師負責責任分界點以下電氣設備之安全維護。	勞工安全衛生設施規則 第二六四條	
44.對於搬運處置有利角物、凸出物、腐蝕性物質、毒性物質或劇毒物質時，應置備適當之手套、圍裙、裹腿、安全鞋、安全帽、安全眼鏡、口罩等並使勞工使用。	勞工安全衛生設施規則 第二七八條	
45.雇主對於熔礦爐、熔鐵爐、玻璃熔解爐或其他高溫操作場所，為防止爆炸或高熱物飛出，除應有適當防護裝置及置備適當之防護具外，並使勞工確實使用。	勞工安全衛生設施規則 第二八五條	
46.雇主對於勞工有暴露於高溫、低溫、非游離輻射線、生物病原體、有害氣體、蒸氣、粉塵或其他有害物之虞者，應置備安全衛生防護具，如安全面罩、防塵口罩、防毒面具、防護眼鏡、防護衣等適當之防護具，並使勞工確實使用。	勞工安全衛生設施規則 第二八七條	
47.雇主對於勞工在作業中使用之物質，有因接觸而傷害皮膚、感染、或經由皮膚滲透吸收而發生中毒等之虞時，應置備不浸透性防護衣、防護手套、防護靴、防護鞋等適當防護具，或提供必要之塗敷用防護膏，並使勞工使用。	勞工安全衛生設施規則 第二八八條	
48.對於預防發生有機溶劑中毒之必要注意事項，應通告全體有關之勞工。	有機溶劑中毒預防規則 第十五條 第二款	
49.於室內作業場所從事有機溶劑作業時，應依規定事項，公告於作業場所中顯明之處，使作業勞工周知;並應明顯標示分別標明其為第一種、第二種、第三種有機溶劑並附知名稱。	有機溶劑中毒預防規則 第十八條	

檢查重點項目	法條	備註
50.勞工從事曾裝儲有機溶劑或其混存物之儲槽內部之作業，或在未設有密閉設備、局部排氣裝置或整體換氣裝置之儲槽等之作業場所或通風不充分之室內作業場所，短暫時間內從事有機溶劑作業時，應供給作業勞工使用輸氣管面罩。	有機溶劑中毒預防規則第二十四條	
51.在准許設置整體換氣裝置之室內作業場所或儲槽等之作業場所，開啟尚未清除有機溶劑或其混存物之密閉設備時，應使作業勞工佩戴輸氣管面罩或有機氣體用防毒面罩。	有機溶劑中毒預防規則第二十五條	
52.從事待定化學物質等之搬運或儲存時，為防止該物質之漏洩、溢出，應使用堅固之容器或確實包裝，並於顯明易見之處標示該物質之化學名稱及處置上應注意事項。	特定化學物質危害預防標準第三十三條	
53.對設置特定化學設備之作業場所，為因應丙類第一種物質及丁類物質之漏洩，應設搶救組織，並訓練有關人員急救、避難知識。	特定化學物質危害預防標準第三十四條	
54.對從事製造或處置乙類物質、丙類物質或丁類物質時，應設置洗眼、沐浴、漱口、更衣及洗衣等設備。但丙類第一種物質或丁類物質之作業場所應設置緊急沖淋設備。	特定化學物質危害預防標準第三十六條	
55.對從事特定化學物質等之作業時，應於每一班次指定現場主管擔任特定化學物質作業管理員依規定從事監督作業。	特定化學物質危害預防標準第三十七條	
56.對於處置使用危險物容器應依規定標示。	危險物及有害物通識規則第五、七、九條	
57.對於處置之危險物應置備物質安全資料表。	危險物及有害物通識規則第十二、十三條	
58.應製作危害物通識計畫及使用清單。	危險物及有害物通識規則第十七條	
59.對勞工從事製造、處置使用危害物質時，應依規定施以必要之安全衛生教育訓練。	危險物及有害物通識規則第十八條	
60.鍋爐之壓力錶或液體壓力計，應在刻度板上明顯處標示最高使用壓力。	鍋爐及壓力容器安全規則第二十一條第五款	
61.蒸汽鍋爐之常用水位，應在玻璃水位上或與其接近之位置，設置適當之標示。	鍋爐及壓力容器安全規則第二十一條第六款	

檢查重點項目	法條	備註
62.壓力容器之壓力錶應在刻度板上明顯處標示最高使用壓力。	鍋爐及壓力容器安全規則 第三十條 第三款	
63.可燃性氣體（氨及溴甲烷以外）之高壓氣體設備或冷媒設備使用之電氣設備未依規定設置防爆性陡構造者。	高壓氣體勞工安全規則 第五十四條	
64.一般液化石油氣之消費，應於通風良好之處所為之，且其灌氣容器等之溫度應保持於攝氏四十度以下。	高壓氣體勞工安全規則 第一九〇條	
65.一般液化石油氣之消費應防止損傷閥等之措施。	高壓氣體勞工安全規則 第一九一條	
66.儲存相關設備四周五公尺內嚴禁煙火，且不得置放危險性物質。	高壓氣體勞工安全規則 第一九一、一六九條	
67.消費設備於使用前及使用後之檢點情形及措施。	高壓氣體勞工安全規則 第一九二、一七一條	
68.應設醫療衛生單位置專（兼）任醫師，專任護士，並備合格規定之醫療器材。	勞工健康保護規則 第三條	
69.應參照工作場所大小、分佈、危險狀況及勞工人數分置急救藥品及器材，並置適量之合格急救人員，辦理有關急救事宜。	勞工健康保護規則 第五條	
70.僱用勞工時，應依規定項目實施一般體格撿查，並保存記錄至少十年。	勞工健康保護規則 第十條	
71.對在職勞工應依規定項目施行定期一般健康檢查，並保存記錄至少十年。	勞工健康保護規則 第十一條	
72.對勞動檢查機構以書面通知立即改正或限期改善之檢查結果，應於違規場所顯明易見處公告七日以上。	勞動檢查法 第二十五條	
73.應於顯明而易見之場所公告下列事項: 　1 受理勞工申訴之機構或人員。 　2 勞工得申訴之範圍。 　3 勞工申訴審格式。 　4 申訴程序。	勞動檢查法 第三十二條	

打（☆）者表示具有嚴重危害勞工及發生職業災害之虞者。

表 B4-1　危險物分類[中國國家標準 (CNS 6864 Z5071)]

危險物 分　類	所表示危險物之分類		類號或 類組號
第一類	爆炸物 (Explosives)		1
1.1 組	有一齊爆炸危險之物質或物品		1.1
1.2 組	有拋射危險，但不一齊爆炸之物或物品		1.2
1.3 組	會引起火災，並有輕微爆炸拋射危險之物質或物品		1.3
1.4 組	無重大危險之物質或物品		1.4
1.5 組	有一齊爆炸危險，但不敏感之物質或物品		1.5
1.6 組	有一齊爆炸危險，但極不敏感之物質或物品		1.6
第二類	氣體 (Flammable Gases, Non-flammable, Non-toxic Gases, Toxic Gases)		2
2.1 組	易燃氣體		2.1
2.2 組	非易燃氣體		2.2
2.3 組	毒性氣體		2.3
第三類	易燃液體 (Flammable Liquids)		3
第四類	易燃固體；自燃物質；禁水性物質 (Flammable Solids; Substances Liable to Spontaneous Combustion; Substances Which in Contact with Water Emit Flammable Gases)		4
4.1 組	易燃固體		4.1
4.2 組	自燃固體		4.2
4.3 組	禁水性物質		4.3
第五類	氧化性物質；有機過氧化物 (Oxidizing Substances; Organic Peroxide)		5
5.1 組	氧化性物質		5.1
5.2 組	有機過氧化物		5.2
第六類	毒性物質及感染性物質 (Poisonous (Toxic) and Infectious Substances)		6
6.1 組	毒性物質	I 及 II 分組	6.1
		III 分組	6.1A
6.2 組	感染性物質		6.2
	放射性物質 Radioactive	I 分組	7A
第七類	Radioactive	II 分組	7B
	Radioactive	III 分組	7C
第八類	腐蝕性物質 (Corrosive Substances)		8
第九類	其他危險物 (Miscellaneous Dangerous Substances)		9

備考：

1.第七類分類參考 IAEA (International Atomic Energy Agency) 之分類號碼而定。

2.本標準危險物分類，係參照一九九一年聯合國危險物運送專家委員會「關於危險物運輸建議書」（編號 ST/SG/AC.10/1/REV.7）之規定訂定，旨在統一標示，以利貨物之作業及儲存。

3.本標準之分類係依據其具有之危險類型而定，其分類號碼之次序，並不是代表其危險大小程度。

表 B4–4　不相容化學藥品分類表

各直欄（1～22）之品名與各橫列品名相同，依序為：
1. 非氧化無機酸類
2. 硫酸
3. 硝酸
4. 有機酸類
5. 腐蝕劑
6. 氨
7. 脂肪族胺類
8. 羥基胺類
9. 芳香族胺類
10. 醯胺類
11. 酸酐類
12. 異氰酸類
13. 乙酸乙烯酯類
14. 丙烯酸酯類
15. 丙烯類
16. 環氧類
17. 氯甲基一氰三圜
18. 酮類
19. 醛類
20. 醇類
21. 酚類
22. 己丙醯胺溶液

	1	2	3	4	5	6	7	8	9	10	11	12	13	14	15	16	17	18	19	20	21	22	
1.非氧化無機酸		×		×	×	×	×	×	×	×	×	×	×			×	×						1
2.硫酸	×		×	×	×	×	×	×	×	×	×	×	×	×	×	×	×	×	×	×	×	×	2
3.硝酸		×		×	×	×	×	×	×	×	×	×	×	×	×	×	×	×	×	×	×		3
4.有機酸類	×	×	×		×	×	×	×				×				×	×						4
5.腐蝕劑	×	×	×	×							×	×				×				×	×	×	5
6.氨	×	×	×	×						×	×	×	×			×			×				6
7.脂肪族胺類	×	×	×	×							×	×	×	×	×	×	×	×	×	×	×	×	7
8.羥基胺類	×	×	×	×							×	×	×	×	×	×	×		×				8
9.芳香族胺類	×	×	×								×	×						×					9
10.醯胺類	×	×	×			×							×							×			10
11.酸酐類	×	×	×		×	×	×	×	×														11
12.異氰酸類	×	×	×	×	×	×	×	×	×	×									×				12
13.乙酸乙烯酯類	×	×	×			×	×	×		×										×		×	13
14.丙烯酸酯類		×	×				×	×															14
15.丙烯類		×	×				×	×															15
16.環氧類	×	×	×	×	×	×	×	×															16
17.氯甲基一氰三圜	×	×	×	×			×	×															17
18.酮類		×	×				×		×														18
19.醛類		×	×			×	×	×				×											19
20.醇類		×	×		×		×			×			×										20
21.酚類		×	×		×		×																21
22.己丙醯胺溶液		×			×		×						×										22
	1	2	3	4	5	6	7	8	9	10	11	12	13	14	15	16	17	18	19	20	21	22	

續表B4-4

	1 非氧化無機酸類	2 硫酸	3 硝酸	4 有機酸類	5 腐蝕劑	6 氨	7 脂肪族胺類	8 羥基胺類	9 芳香族胺類	10 醯胺類	11 酸酐類	12 異氰酸類	13 乙酸乙烯酯類	14 丙烯酸酯類	15 丙烯類	16 環氧類	17 氯甲基一氰三圜	18 酮類	19 醛類	20 醇類	21 酚類	22 己丙醯胺溶液	
30.烯類		×	×																				30
31.烷類																							31
32.芳香烴			×																				32
33.雜烴類混合物			×																				33
34.酯類		×	×																				34
35.烯鹵化合物			×																		×		35
36.鹵烴化合物																							36
37.腈類		×																					37
38.硫化碳化合物							×	×															38
40.乙二醇類		×										×											40
41.醚類		×	×																				41
42.硝基化合物					×	×	×	×	×														42
43.雜項水溶液		×										×											43
	1	2	3	4	5	6	7	8	9	10	11	12	13	14	15	16	17	18	19	20	21	22	

表 B4-5 混合後會發生危險的組合例

物質 A	物質 B	可能發生的現象
氧化劑	可燃物	生成爆炸性混合物
氯酸鹽	酸類	混觸發火
亞氯酸鹽	酸類	混觸發火
次亞氯酸鹽	酸類	混觸發火
無水鉻酸	可燃物	混觸發火
高錳酸鉀	可燃物	混觸發火
高錳酸鉀	濃硫酸	爆炸
四氯化碳	鹼金屬	爆炸
硝化物	鹼類	生成高靈敏感度物質
亞硝化物	鹼類	生成高靈敏感度物質
鹼金屬	水	混觸發火
亞硝胺	酸類	混觸發火
過氧化氫	胺類	爆炸
乙醚	空氣	生成爆炸性有機過氧化物
烯尿烴	空氣	生成爆炸性有機過氧化物
氯酸鹽	氨鹽	生成爆炸性氨鹽
亞硝酸鹽	氨鹽	生成不安定氨鹽
氯酸鉀	赤磷	生成對於打擊及摩擦敏感的爆炸物
乙炔	銅	生成對於撞擊及摩擦敏感的銅鹽
苦味酸	鉛	生成對於撞擊及摩擦敏感的鉛鹽
濃硝酸	胺類	混觸發火
過氧化鈉	可燃物	混觸發火

表 B4-6　特定化學物質之性質與毒性

分類	名　　　稱	性　　　質				危害、有害性	主要用途
		狀態	色	味	其他		
甲類物質	二氨基聯苯及其鹽類 Benzidine and Its Salts	結晶形、鱗片形或粉狀固體	白色			由皮膚吸收誘發膀胱癌。急性或亞急性中毒時，刺激皮膚引起發疹等皮膚炎，吸入或飲下時發生特異之急性膀胱炎（頻尿、排尿困難（痛）、殘尿感、血尿）。慢性中毒時膀胱、尿管、腎盂、腎等泌尿系腫瘍之發生率高（約為一般人之 16 倍）短期間之暴露，經過 10～20 年的潛伏期之後，也有發生腫瘍的危險，此外肝臟障害或貧血亦會發生。	製造硫、偶氮（Azo）和苯胺染料之中間物；橡膠、塑膠製造、臨床血液檢查、印墨製造、定量分析。
	4-氨基聯苯及其鹽類 4-Aminodiphenyl and Its Salts	結晶固體	無色			健康危害：能經皮膚吸收，有局部刺激作用。進入體內有類似聯苯胺作用（發生急性膀胱炎或慢性尿路系障害，尿路系惡性腫瘍）。	試藥，實驗用發癌試劑。
	4-硝基聯苯及其鹽類 4-Nitrodiphenyl and Its Salts	液體或結晶	黃褐色			進入人體內侵害肝腎，經吸收入引起呼吸器刺激作用，慢性中毒曾有膀胱癌病例。	染料中間體製造及染料工廠使用。
	β-苯胺及其鹽類 β-Naphthylamine and Its Salts	葉狀結晶固體	無色或淡桃色	微芳香		急性症狀初期呈現特異之膀胱炎（頻尿、排尿困難、殘尿感、血尿），症狀於數日內復元，但經常暴露時引起膀胱的乳嘴腫，此種現象稱為惡性腫瘍化。進入膀胱由尿排出，造成膀胱癌之比例為一般人之 30～60 倍，腫瘤發生後，雖停止暴露亦繼續發生。β-苯胺內常含 α-苯胺之不純物。	直接染料中間製造或染料工廠用或分析試驗製造場所。

續表 B4-6

分類	名　稱	性　　質				危害、有害性	主要用途
		狀態	色	味	其他		
甲類物質	含苯膠糊（含苯容量超過該膠糊溶劑 5%以上者）					吸入蒸氣會引起暈眩、頭痛和興奮；濃度高時會導致昏迷不省人事，蒸氣會刺激眼睛、黏膜、液體經由皮膚之吸入會引起中毒，由口食入亦具非常毒性。	製鞋或其他工業粘著劑使用。
	二氯甲基醚 Dichloromethyl Ether	液體	無色			誘發肺癌，於症狀發生後約20個死亡；亦可誘發皮膚癌。	烷基化劑(Alkylathing Agent)，離子交換樹脂製造時，在脫色、脫鹽等淨水處理時進入軟水中而污染食物、飲料和化學工業。一般情況下鹽酸(HCl)及甲醛(HC HO)自然反應亦會形成；因此棉花精紡、防火劑製造、殺蟲劑、殺菌劑、除生物劑、分散劑、防水劑和橡膠製造之氯甲基甲醚內常有此種不純物。
	黃磷火柴 Yellow Phosphorus Match	粉末	黑色			健康危害：與皮膚接觸引起皮膚炎。急性中毒：吸入 1 至 2 小時引起噯氣、腹痛、下痢、黃疸、血尿、血壓下降、呼吸困難等症狀，1～2日後致死。	黃磷火柴。

分類	名　　稱	性　　　質				危害、有害性	主要用途
		狀態	色	味	其他		
						慢性中毒: 長期暴露於低濃度下，食慾減退、消化不良、貧血、黃疸等，消化器官障害和肝臟障害; 顎骨壞死為其特有之症狀。	
	二氯二氨基聯苯及其鹽類 Dichloro Benzidine and Its Salts	針狀結晶	褐色			經動物實驗證實容易發生癌症。附著於皮膚時產生皮膚炎及色素沉著。	染料、顏料之原料。
	α–奈胺及其鹽類 α-Naphthylamine and Its Salts	雪片狀或塊狀	赤灰色或暗赤紫色			長時間吸入其粉塵蒸氣造成慢性危害，有血尿、頻尿、排尿疼痛等膀胱炎症，而後並有發生腫瘍之慮。附著於皮膚時產生發疹、發紅搔癢等症狀。	染料。
乙類物質	鄰二甲基二氨基聯苯及其鹽類	結晶或粉末	白或黃色			動物皮下注射時發生耳下腺腫瘍。	染料之原料。
	二甲氧基、二氨基聯苯及其鹽類 Dianisidine and Its Salts	葉狀結晶	無或白色（與空氣接觸變紫色）			動物皮下注射時，發現腫瘍。	染料的重要原料。
	鈹及其化合物 Berylluim and Its Compounds	金屬	灰白色		熔點1278℃	鈹之硫酸鹽類、氫氧化物、氧化物等附著於皮膚時生皮膚炎，從皮膚傷口侵入時形成慢性潰瘍。吸入其粉塵、燻煙時數小時至數週內產生呼吸困難、食慾不振等症狀。也會發生急性肺炎、支氣管炎。反覆吸入形成鈹肺。	航空材料、原子反應爐減速材料、X線管球之窗。銅類合金彈簧材。溶接之塞極材、開關零件，使用於塑膠等成型用之金屬模。

續表 B4-6

分類	名稱	性質				危害、有害性	主要用途
		狀態	色	味	其他		
乙類物質	硫酸鈹 $BeSO_4 \cdot 4H_2O$	結晶	無色		溶於水		製造鈹及氧化鈹。
	氫氧化鈹 $Be(OH)_2O$	粉末	白色		溶解度小		製造鈹及氧化鈹。
	氧化鈹 BeO	粉末	白色		不溶於水		金屬熔解用坩鍋、減速材、電子工業用之熱洩放板。
	BeX_2（X、F、Cl、Br 等）例 Bed_2	結晶	白色				鈹、合金製造。玻璃工業核反應。
	$(BeO)_5CO_2$-$5H_2O$	粉末	白色		溶於酸，不溶於水		鈹及氧化鈹之製造。
	三氯甲苯 α, α, α-Terichloro Toluene	液體	無色		溶於乙醇乙醚水	吸入其蒸氣產生肺癌、鼻腔癌，附著皮膚及黏膜時有強烈之刺激。	塑膠聚合之初始劑、染料之原料、紫外線吸收劑之原料。
	多氯聯苯 Biphenyl Chloride P.C.B.	液體固體（多氯時是固體）	無色			皮膚危害、皮疹（頸部、顏面、四肢、耳殼）、黑點狀痤瘡（粉刺）、角化增生、皮膚變黑、肝機能危害、食慾不振、無力感等。	過去使用熱媒體、絕緣油、複寫紙、墨水溶媒、顏料、塗料，目前用於特殊用途。
	次乙亞胺 Ethyleneimine	液體	無色	似氨的刺激臭	沸點55～56℃	毒性強，與皮膚黏膜接觸，吸入或經口攝取時，易引起嚴重的危害。接觸時，皮膚發紅腫脹後發，類似濕疹之皮膚炎，嚴重時產生水泡、皮膚壞死等難治的皮膚炎，反覆接觸易引起過敏性變化。吸入蒸氣，皮膚接觸 2 至 3 小時後會引起嘔吐、頭痛。同時支氣管、肺發炎、	醫藥品、農藥纖維處理劑、凝聚劑、石油類改質添加劑等之原料及中間體。

分類	名　稱	性　　　質				危害、有害性	主要用途
		狀態	色	味	其他		
						腎及造血器官發生危害。最近由動物的實驗有發癌性的報告。	
丙類第一種物質	氯乙烯 Vinyl Chloride Monmer	氣體				目眩、頭痛、麻醉作用、門靜脈壓力亢進症、肝臟之血管肉腫。	PVC聚合物、PVAC與PVC之共聚合物等製造原料。
	氯甲基甲基醚 Chloro Methyl Methyl Ether	液體	無色或淡黃色		沸點61℃	肺癌（疑似）、肺氣腫、皮膚炎。	離子交換樹脂之原料。
	3, 3-二氯 4, 4-二胺基苯化甲烷 3,3-Dichloro 4,4-Dismino Phenyl Methane	粒狀	淡黃褐色		熔點98～108℃	血尿、肝臟癌（動物實驗）。	環氧樹脂、PU樹脂等之硬化劑、染料中間體。
	四羰化鎳 Nickle Carbonyl	液體	無色	特異之臭氣	沸點43℃	頭痛、目眩、嘔吐、吸入數日後引起胸部疼痛、支氣管炎、肺炎而死亡。慢性症狀為皮膚炎、頭痛、失眠、肝危害等。	有機合成用（高壓乙炔聚合、OXO反應）之觸媒，鎳之製造原料。
	對-二甲氨基偶氮苯 *p*-Dimethylam-inoazobenzene	結晶	黃色		熔點114～117℃	肝臟癌（動物實驗）。	pH指示劑，油性黃色染料顏料。
	β-丙內酯 β-Propiolactone	液體			熔點33.4℃比重1.14(20℃)	皮膚刺激、肝危害、皮膚癌。	醫藥、合成樹脂、纖維改質、可塑劑之原料。
	苯 Benzene	液體	無色	芳香臭	沸點80.1℃	疲勞、頭痛、目眩、意識喪失、痙攣、造血機能危害、白血病等。	染料、合成橡膠、合成纖維、合成樹

續表 B4–6

分類	名 稱	性　質				危害、有害性	主要用途
		狀態	色	味	其他		
							脂、有機顏料醫藥等之原料。
	丙烯醯胺 Acrylamide	結晶	無色			容易由皮膚吸收，產生局部皮膚炎，或全身之神經危害。	聚合體（聚丙烯醯胺）使用於接著劑、分散劑、塗料等。與丙烯腈之共同聚合體使用於合成纖維。
丙類第一種物質	丙烯腈 Acrylonitrile	揮發性液體	無色稍帶黃色	似苦巴且杏略有刺激臭	沸點77℃不易感知易超過許容濃度需注意。	吸入蒸氣或由皮膚吸收時能產生中毒，且神系、消化系統及皮膚黏膜等亦能引起危害。如在高濃度時產生意識不明及呼吸停止造成死亡。	壓克力纖維工業，塑膠工業之塗布劑及接著劑工業藥品。染料表面活性劑、合成橡皮、合成樹脂等之中間體或原料、麩酸鈉之合成原料。
	氯（液體氯）Chlorine	氣體或液化氣體	黃綠色	強烈刺激臭	氣體比重2.5	刺激皮膚、眼黏膜、引起某種程度之炎症。且有咳嗽、痰、咳血、胸痛、肺炎、肺氣腫、支氣管炎、牙齒之酸蝕症狀。	各種漂白用（製紙、紙漿、人造絹、纖維工業等），各種氯化物製造原料、氯乙烯的原料、金屬精煉（鈦及其他），發煙劑之製造、殺菌、消毒用、溴及碘之製造。
	氰化氫（氰酸）Hydrogen Cyanide	氣體水溶液(氰	無色液體也無	苦巴且杏臭	氣體比重0.9	劇毒（致死量 0.05 g）因體內窒息狀態而死亡。頭痛、目眩、作嘔、呼吸數增加、頻	有機合成品（壓克力、螢光染料等）

分類	名　　稱	性　　質				危害、有害性	主要用途
		狀態	色	味	其他		
		酸）	色			脈、眼黏膜充血。	製造原料、氰化鈉、氰化鉀之原料。氰化氫之化合物作為農藥、殺蟲劑。金銀精煉用。
丙類第一種物質	溴化甲烷 Methyl Bromide	氣體			沸點 4.5℃	頭痛、目眩、神經危害（痙攣、視力危害）。	燻蒸劑（消毒劑），有機合成原料。
	二異氰酸甲苯 Toluene Diisocyanide	100% 2.4異性體，無色或淡黃色的透明液體及固體 80% 2.4異性體，20% 2.6異性體無色或淡黃色透明液體及固體		刺激臭	沸點 251℃ 熔點 19.5～21.5℃ 熔點 11.5～13.5℃ 沸點 251℃	低濃度也會刺激眼睛及上呼吸器引起氣喘。接觸皮膚及眼睛時，引起發炎。吸入時會侵犯肺部，吸入多量時引起肺水腫（急性中毒）。經常吸入 1～2 ppm，有支氣管炎、肺炎、氣喘等之危險性。0.1 ppm 以上時，敏感的人產生支氣管痙攣及呼吸困難。吸入時，口、食道、胃的黏膜受到腐蝕性的作用。沾在皮膚不加處理時產生紅腫的水泡。接觸眼睛立刻產生激烈疼痛，如未完全去除會引起視力危害（慢性中毒）慢性肝臟危害。（留意點）特異的臭氣對眼、鼻、咽喉氣管等有強烈的刺激顯示出空氣中有相當的存量。很高的濃度之下，因有強烈刺激，在其中無法忍受。0.02 ppm 時嗅覺不容易察覺，可能在不知不覺中長時間曝露於該蒸氣中（0.1 ppm 時可以察覺其臭氣）。	PU樹脂（軟質硬質）之製造，塗料、接著劑之原料、材料、人絹、合成纖維之體質改善劑、鑄模製品及軟片。

分類	名　　稱	性　　　　質				危害、有害性	主要用途
		狀態	色	味	其他		
丙類第一種物質	對-硝基氯苯 p-Nitrochloro-benzene	結晶或雪狀的固體	淡黃色	甜味之刺激臭	熔點242℃,沸點83℃	由皮膚、呼吸器吸收使血液形成變化,產生變性血紅素 (Methemoglobin),進入體內時對-硝基氯苯變成對-氯苯胺具更大的有害性。因此體內不斷地攝取時,最後會死亡。臨床症狀是頭痛、目眩、青白症、貧血、少數粒子的濕疹及其他 Heints 小數出現。	偶氮 (Azo) 染料、硫化染料之中間物。對-苯二胺、對-硝基苯、對-甲氧基苯胺、2-氯-對-甲氧基苯胺、3-硝基-對-甲氧基苯胺對-氨基酚、對-氯苯胺等之中間物。非那西汀 (Phenacetin),對-氨基苯乙醚 (Paraphe-netidine)之橡皮老化防止劑、食品氧化防止劑。對-乙醯氨基酚等之原料,維他命製造之中間體。
	氟化氫 Hydrogen Fluoride	氣體水溶液(氫氟酸)	無色	刺激臭		刺激眼、鼻、喉嚨,並導致肺氣腫、支氣管炎、附著皮膚時有強烈劇痛。	次煤的製造、玻璃雕刻、去除燈炮光澤、殺菌劑、電鍍工程中金屬之洗淨(酸洗),抑制發酵去除石墨的灰粉、鑄造物之洗淨(溶接表面),氟化物製造原料。

分類	名　　稱	性　　質				危害、有害性	主要用途
		狀態	色	味	其他		
丙類第一種物質	碘化甲烷 Methyl Iodide	液體	空氣中光份份解呈褐色		沸點 42.5℃	刺激皮膚、肺、肝、腎引起危害。	甲基化劑、土壤消毒劑。
	硫化氫 Hydrogen Sulfide	氣體	無色	腐卵臭	氣體比重 1.2	刺激眼、鼻、喉嚨黏膜。吸入高濃度時神經中樞麻痺、呼吸停止。長時間吸入引起頭痛、目眩、腳步不穩、胸痛、咳嗽、肺炎、肺浮腫。	分析試藥用、皮革處理、染料之原料。各種工業藥品、醫藥品、農藥之製造。金屬精鍊及染料、農藥製造過程中之副產品。
	硫酸二甲酯 Dimethyl Sulfate	液體（油狀）	無色	幾乎無臭		液體、氣體與皮膚黏膜接觸後數小時有強烈的刺激。中度曝露時引起結膜炎、鼻、咽、喉頭、氣管等黏膜加答兒，皮膚發紅、肺浮腫、肝、腎亦有相當危害。	化學製品之甲基化劑（醫藥、農藥及其他化學工業）、安定劑（無水硫酸）、醫藥（比林劑、咖啡因、維他命等）製造、芳香族碳化氫之抽出用溶劑。
丙類第二種物質	奧黃 Auramine	粉末或雪片狀	黃色			吸入其粉塵引起頭痛、目眩、倦怠感、血尿、排尿痛等。動物實驗已知會對肝臟引起腫瘍。皮膚危害。	纖維、皮革、紙等染成黃色的染料。
	苯胺紅 Magenta	結晶	綠色的金屬光澤			與奧黃(Auramine) 同。	纖維、皮、紙、雜貨之染色、顏料之原料。
	石棉 Asbestos	纖維狀結晶	白色或灰綠色	無臭		咳嗽、呼吸困難、支氣管炎、肺氣腫、石棉肺（塵肺的一種）、肺癌、腹膜及胸	保溫材、石棉板、來令片、石棉布。

分類	名　　　稱	性　　　　質				危害、有害性	主要用途
		狀態	色	味	其他		
						膜發生腫瘍。	
丙類第三種物質	鉻酸及其鹽類 Chromic Acid and Its Salt	針狀結晶	暗紅色		強氧化劑	刺激皮膚、黏膜引起皮膚炎、鉻潰瘍、支氣管氣喘、肺癌之顧慮。	鉻電鍍、鉻化合物製造原料、鞣皮、合成用觸媒（硫酸銨、甲醇、丙酮）顏料。
	重鉻酸及其鹽類 Dichromic Acid and Its Salts	結晶或粉末	紅色或橙色			同鉻酸。	電鍍、防腐劑、觸媒、鉻鞣用。
	煤焦油 Coal Tar	油狀液體	黑色	Tar 臭味	引火點 27～72℃	曝露於煤焦油之蒸氣引起頸、前膊、手、足等皮膚顏色帶黑，數年間呈現黑皮症，同時有急性發炎症狀及面皰。由皮膚吸入時，引起瓦斯斑之局部性毛細管擴張。吸入蒸氣時引起咽喉呼吸器危害及作嘔、頭痛。又可能引起肺癌之顧慮。	活性碳製造、電極製造、碳刷製造之結合劑、道路鋪裝。
	三氧化二砷 Arsenic Trioxide	粉末或結晶	白色			皮膚紅疹、濕疹、丘疹等皮膚危害，與黏膜作用引起鼻咽喉潰瘍、結膜炎，慢性中毒的現象，如不快感、頭痛、衰弱、黑皮症、角化症，致死量 0.1～0.2 g。	由焙燒含銅、鐵、鋅等硫化礦石副產品（硫酸工場、金屬精鍊）。漁網皮革之防腐劑、脫硫劑、觸媒、砷化合物之製造原料。該化合物使用於脫色顏料（玻璃工業）及農的原料。
	烷基汞化物（烷基以甲基、乙基為限）	液體	無色			在體內與血球結合侵犯中樞神經，出現疲勞感、指、四肢、舌、口唇麻痺等症狀。	用於醫藥品及農藥（種稻穀消毒及土壤消

分類	名 稱	性 質				危害、有害性	主要用途
		狀態	色	味	其他		
丙類物質	Alkyl Mercury Compounds					皮膚吸入時危害皮膚。烷基汞（特別是甲基）易於蒸發。	毒），現在幾乎不再生產。
	硝基乙二醇 Nitroglycol	液體（油狀）	無色		熔點 22.3℃	頭痛、倦怠感、胸部壓迫感、痙攣、狹心症等。	炸藥。
	鄰-二腈苯 o-Phathalo-nitrile	固體粉末	白色（市賣品淡灰色、淡黃色結晶）	無臭	熔點 140～141℃	頭痛、頭重、健忘、癲癇樣發作、倦怠感、手指振顫、食慾不振。	顏料、染料之原料。
	鎘及其化合物 Cadmium and Its Compounds	結晶	褐色			吸入時引發咳嗽、胸痛、呼吸困難、支氣管炎、肺炎、頭痛、目眩。慢性中毒之肺氣腫、腎危害、蛋白尿。經口吸收引起急性胃腸炎。	鍍鎘、顏料、鎘化合物之製造原料（在金屬氣中氧化製造）。硫化鎘製造原料、氯乙烯之安定。使用（鎘黃、鎘紅），著色玻璃。電池、鎘精煉的中間產物，電鍍、分析用試藥。其他鎘化合物之製造、陶瓷器著色劑、照相乳劑、電池觸媒。軸承合金、金屬被覆、電子工業、原子爐材料、金屬或氧化鎘在各種金

分類	名 稱	性 質				危害、有害性	主要用途
		狀態	色	味	其他		
							屬精煉（鋅礦的培燒銅鉛的精煉煙灰中）中副生。
丙類第三種物質	五氧化二釩 Vanadium Pentaoxide	粉末狀結晶	黑色或暗青色		熔點 1967 ℃	呼吸器危害、皮膚黏膜危害、舌頭顏色異常、呼吸困難、肺出血（6~24小時後）。	觸媒（硫酸，無水鈦酸、無水丁烯二酸製造），釩化合物製造原料。
	氰化鉀 Potassium Cyanide	潮解性結晶	無色	苦巴旦杏臭	遇酸分解生成 HCN	引用 HCN。	電鍍、試藥、冶金觸媒。
	氰化鈉 Sodium Cyanide	潮解性結晶	無色	苦巴旦杏臭	遇酸分解生成 HCN	引用HCN。	金銀之精煉、電鍍之用，甲基丙烯酸，薩冉樹脂 (Saranresin) 醫藥、殺菌劑、氰化物等之合成原料。
	五氯化酚及其鈉鹽 Pentachlorophenol and Its Sodium Salts	固體粉末	白色	刺激臭	鈉鹽可溶	皮膚危害（皮膚炎、面皰、皮膚搔癢感、結膜炎）、咽喉痛、咳嗽、呼吸困難、肺炎、頭痛、目眩、全身倦怠感、嘔吐感、發熱多汗及其他神經症狀。	除草劑、除蟲劑、除霉劑、木材防腐劑。
	汞及其無機化合物 Mercury and Its Inorganic Compounds	液體	銀白色	無臭	沸點 356℃ 比重 13.6	食慾不振、頭痛、頭重、全身倦怠、抖顫、其他精神症狀，亦可由皮膚吸入。	電解用電極、水銀燈、整流器、水銀鹽之製造原料，水銀合金、觸媒、抽取金、銀、顏料、鍍船底塗料、農藥、工業用雷管。殺蟲劑、

分類	名　　　稱	性　　質				危害、有害性	主要用途
		狀態	色	味	其他		
丙類第三種物質							防腐劑、乾電池（錳乾電池）有機合成（氯乙烯）之觸媒、皮鞣、木材保存劑、染色、帽子製造、照相、冶金醫藥（利尿劑）、防腐劑、標準電池、水銀乾電池、船底塗料、防腐劑、殺菌劑、水銀化合物之製造。毛氈製造。
	錳及其化合物 Manganese and Its Compounds	金屬	灰帶紅			長時間（至少 3 個月）吸入粉塵或燻煙時，引起似巴金森症 (Parkinson's Disease) 特有的中樞神經症狀	與鐵銅等的合金。
		結晶	黑色			巴金森症(Parkinson's Disease) 縮字症、假性顏面相、突進症。	乾電池、鋅分解時之脫鐵劑、海波液、彩色軟片之著色劑、火柴、搪瓷器、織物玻璃工業、其他作為氧化劑之染料使用於有機溶劑之製造工業。
		潮解性結晶	桃色				塗料乾燥劑、染色、醫藥、蓄電池、氯化合物、成觸媒、

分類	名　稱	性　　質				危害、有害性	主要用途
		狀態	色	味	其他		
丙類第三種物質		結晶 結晶粉末	桃色 紫色		水溶性 水溶性		化學肥料合成促進劑。 乾燥劑、窯業顏料、肥料。 作為氧化劑、防腐劑、殺菌劑、漂白劑、脫臭劑、除鐵劑、醫藥。
丁類物質	氨 Ammonia	氣體或液化氣體水溶液（氨水）	無色	氨刺激臭	沸點33.6℃ 熔點77.7℃ 氣體比重0.6	刺激上呼吸氣道黏膜。吸入高濃度的氣體時引起肺水腫、呼吸停止等症狀。對皮膚黏膜有強烈刺激及腐蝕性，且作用易達組織的內部。進入眼睛引起視力危害。	硝酸、炸藥、合作纖維（嫘縈、耐龍）、氮肥、蘇打、染料製造之原料、冷媒、金屬表面處理劑、工業用之鹼性劑、溶劑冶金工業用（氮化加工）、毛織物洗濯用去污劑。
	一氧化碳 Carbon Monoxide	氣體	無色	無臭	氣體比重0.97	頭痛、頭重、嘔吐、目眩、疲勞感、倦怠感、健忘、厭煩、耳鳴、腱反射異常等。	甲醇之合成、鐵及鎳之碳化物製造、燃料氣體之主成份。包括生產活動副產物，如燃燒廢棄內燃機之廢氣。
	氯化氫 Hydrogen Chloride	氣體（發煙性）水溶液(鹽酸)	酸無色透明	強烈刺激臭		沾到眼、皮膚等引起發炎、吸入時刺激咽喉、鼻等，引起咳嗽，多痰、流淚、牙齒變化、吸入多量時，引起肺水腫或死亡。	氯系藥品、氯乙烯、氯化烷類、氯化砷之製造有機物之聚合、烷化反應劑。氯之製造原料。麩酸

續表 B4-6

分類	名　　　稱	性　　　質				危害、有害性	主要用途
		狀態	色	味	其他		
丁類物質							及氨基酸醬油等調味品之製造，香料、染料、醫藥、農藥及這些中間品之製造，各種無機氯化物及其他工業藥品之製造，澱粉之糖化，鋼板等之去鏽，蠟付，電鍍，雕刻用，肥皂，Gelatin 皮革工業，染料印染及漂白用，活性碳的再生用，活性碳的再生用，由矽砂去除鐵粉、由石灰石製造二氧化碳、王水製造、電解用食鹽水之中和。
	硝酸 Nitric Acid	液體（水溶）氣體（硝酸蒸氣）氧化氮(由硝酸生成氣體)	無色透明或褐色無色依種類由無色經黃色紅色至暗褐色	刺激臭甜臭至刺激臭由臭刺激臭		最初有刺痛及癢之感覺，而後引起潰瘍，其後永久留下傷痕。稀薄溶液引起慢性皮膚刺激。進入眼部，如不立刻處理引起眼睛嚴重之傷害，可能損失視力。如有灼熱痛應立刻治療。影響吞嚥呼吸很大。如不從胃部去除，強烈腐蝕胃黏膜引起胃壁穿孔或破裂而致死亡。此時會有強烈的痛楚、反胃嘔吐等。吸入時引起窒息感，及刺激眼及呼吸器。長時間	化學肥料（硝銨、磷硝銨、硝酸銍鈣）之製造、火藥類之製造、無機及有機之硝酸鹽類、硝酸酯類或硝基化合物之合成，漆、染料、醫藥品製造用原料、金屬之表面處理及電鍍、合

分類	名稱	性質				危害、有害性	主要用途
		狀態	色	味	其他		
丁類物質						續的吸入時引起慢性支氣管炎、發聲困難及牙齒腐蝕。	成纖維製造用、試藥。
	二氧化硫 Sulfur Dioxide	氣體（液化氣體）	無色	不舒服的刺激臭	可溶於水氣體比重2.26	附著時引起皮膚、角膜的腐蝕。吸入高濃度時，引起喉頭水腫、聲門收縮、窒息，稍低濃度時，上呼吸道、氣管、支氣管發炎、咳嗽、呼吸困難、食入時嘔吐、瞳孔放大、感覺及運動神經抑制。	織物及紙漿之漂白劑、硫酸製造用，溶媒、製藥、冷凍機之冷媒、還原劑、殺蟲劑、釀造所及水果工場消毒用。
	甲醛 Formald-ehyde	氣體（水溶液為福馬林）	無色	強烈刺激臭	氣體比重1.1	流淚、結膜炎、皮膚炎、濕疹、咳嗽、咳痰、肺水腫等黏膜呼吸器的危害。	酚醛樹脂、尿醛樹脂、三聚氰胺樹脂等原料、（維隆）Vinylon，（六次甲基四胺）Hexamethyle-Neetetramine 等製造原料、消毒劑、防腐劑之製造、農藥、消毒劑及其他一般防腐劑。
	光氣 Phosgene	液體	無色	青草臭	沸點8.2℃，氣體比重1.43	劇毒，變成氣體時具強烈刺激。3～8小時後，刺激氣道引發肺浮腫。激烈的咳嗽、褐色痰、呼吸困難、青色症、脈搏減少、窒息而死。	異氰酸鹽之製造、聚尿酯製品之處理劑、可塑劑、聚碳酸鹽樹脂之原料、染料、染料中間體、醫藥品的製造原料、纖維處理劑、除草劑、火藥安定劑。

分類	名稱	性質				危害、有害性	主要用途
		狀態	色	味	其他		
丁類物質	酚 Phenol	結晶塊或針狀結晶之固體	無色或淡紅色	特有如刺之香氣	沸點 181.8℃ 熔點 40.9℃ 溶於水、酒精及有機溶劑	（急性中毒）吸收時的症狀 20～30分以內結果主要是全身倦怠、嘔吐、失眠症等。飲用時，胸部不適、想吐、引起激烈之腹痛。接觸時對組織有明顯之腐蝕作用。沒有完成清除會引起嚴重之受傷。因局部知覺喪失，縱然不直接刺激，2～3分以後有刺痛、激烈的藥傷。被侵犯的皮膚開始是變白，形成皺紋變柔軟，成為紅色再變成褐色或黑色表示組織壞死。（慢性中毒）吞嚥困難、唾液過剩、拉肚子、食慾減退等之消化器危害，頭痛、失神、目眩、精神不安等神經危害、皮膚發疹等。大量吸入時肝臟和腎臟的危害。	合成纖維合成樹脂染料、醫藥、農藥等原料（苦味酸、合成香料）、試驗研究用、醫藥用。
	硫酸 Sulfuric Acid	液體	無色	無臭		接觸皮膚、黏膜、眼等灼傷、潰瘍、壞死、皮膚黃白化、牙齒酸蝕，吸入時刺激呼吸器。	硫酸鹽之製造（硫銨過磷酸石灰、硫酸銅、染料中間體、酯類）、脫水劑（硝化甘油、硝酸纖維素、氣體乾燥）、氧化助劑（醛、酮、琥珀酸、有機硫化物）、還原劑（與鐵等金屬一起使用。各種有機化合物）、酸洗（鐵、銅、鋼）、洗淨、精製（石油、

續表 B4–6

分類	名　稱	性　　質				危害、有害性	主要用途
		狀態	色	味	其他		
丁類物質							油脂之精製、潤滑油、脂肪酸等），及其他使用。

表 B8-2　各種常用手提滅火器性能及其使用須知

滅火器名稱	裝填藥劑	適應火災	使用方法
泡沫滅火器	1.藥劑容器分內外兩層，內筒裝硫酸鋁水溶液；外筒裝碳酸氫鈉水溶液起泡劑及穩定劑，具有覆蓋窒息滅火作用。 2.藥劑有效時限一年。 3.藥劑有導電性。	1.對普通可燃物料（木材、紙布、塑膠等）適用，對油類火災最適用。 2.對電器類火災（未截斷電源時）切戒使用。 3.對氣體火災無效。 4.對遇水有爆炸危險之金屬火災不適用。	1.以右手握手把，左手持底部，將滅火器倒置，使噴嘴朝向火面，泡沫即噴出。 2.對油類火災不得直接噴向油面，應採曲線噴射，使泡沫落蓋油面，隔絕其燃燒所需氧氣。
乾粉滅火器（分ABC與BC兩種）	1.藥劑為重碳酸鈉白色粉沫，並附裝有二氧化碳之小鋼瓶一個，作為驅壓瓦斯。 2.藥劑有效時限三年。 3.藥劑非導電性。	1.ABC乾粉： (一)對普通可燃物料及油類火災均適用。 (二)對電氣火災最適用。 (三)對遇水有爆炸危險之金屬火災適用。	1.拉開小鋼瓶之保險閂，以左手將小鋼瓶開關壓板下壓後，左手提握把右手握噴嘴開關柄，向火燄下方搖噴射，如遇有風應站上風使用。 2.使用後將滅火器倒置，右手緊握開關，使剩餘瓦斯噴出，以免堵塞噴嘴。
二氧化碳滅火器	1.藥劑為99% 液態二氧化碳，水份不得超過5%，噴出後即變成氣體，因比空氣重1.5倍，具阻氣性，故產生滅火作用。 2.藥劑非導電性。	1.對油類、化學物品火災均適用；但對普通可燃物料，除非有保護目的避免用水之情況下，通常不採用。 2.對電氣火災最適用。 3.對遇水有爆炸危險金屬火災不適用。	1.拉開保險閂，左手執高壓軟管喇叭柄，右手拉起滅火器緊握開關對準火燄掃射。 2.室外使用時效力較差，並應站在上風處使用。

表 B9-1　實驗室人員應有之安全教育訓練課程

安全教育訓練課程有 13 種科目，總訓練時數為 33 小時。

課程名稱	上課時數
1.實驗室安全概論	3
2.一般機械設備之安全防護	3
3.電器安全	2
4.危險物及有害物儲運安全使用，處理及棄置等安全操作程序	2
5.危險機械之安全防護	3
6.危險物品管理及有害物特性	3
7.高壓氣體之安全管理	2
8.消防及火災預防及急救常識	2
9.工業安全標示及顏色	2
10.損失控制、實驗室之安全與管理	3
11.緊急事故處理或避難事項	2
12. 危險物及有害物之通識計劃	3
13.危險物及有害物之標示內容及意義	3

實驗室人員應有之衛生教育訓練課程

衛生教育訓練課程有 11 種，總訓練時數為 27小時。

課程名稱	上課時數
1.實驗室衛生概論	3
2.通風換氣	3
3.噪音振動控制	3
4.有機溶劑危害預防	2
5.特定化學物質危害預防	2
6.採光照明及溫濕環境	2
7.缺氧環境及游離輻射	2
8.生物性病原體危害預防	2
9.粉塵控制	3
10.衛生環境管理	3
11.勞工安全法規概念及現場安全衛生規定	2

實驗室人員應有之作業環境測定教育訓練課程

作業環境測定有關之課程共有 10 種，總訓練時數為 25 小時。

課程名稱	上課時數
1.環境測定之採樣策略	2
2.環境測定之評估分析	2
3.化學性有害物質之採樣分析	5
4.物理性因子之測定分析	4
5.儀器分析原理	2
6.安全儀器設備及其校正	2
7.衛生儀器設備及其校正	2
8.測定及分析結果之品質保證及控制	2
9.個人防護設備	2
10.健康管理	2

附錄　C

C2-1 勞工安全衛生法

中華民國六十三年四月十六日
總統 (63) 壹統（一）義字第一六四號令公布
中華民國八十年五月十七日
總統華總（一）義字二四二三號令修正公布

第一章 總 則

第 一 條　為防止職業災害，保障勞工安全與健康，特制定本法：本法未規定者，適用其他有關法律之規定。

第 二 條　本法所稱勞工，謂受僱從事工作獲致工資者。

本法所稱雇主，謂事業主或事業之經營負責人。

本法所稱事業單位，謂本法適用範圍內僱用勞工從事工作之機構。

本法所稱職業災害，謂勞工就業場所之建築物、設備、原料、材料、化學物品、氣體、蒸氣、粉塵等或作業活動及其他職業上原因引起之勞工疾病、傷害、殘廢或死亡。

第 三 條　本法所稱主管機關：在中央為行政院勞工委員會；在省（市）為省（市）政府；在縣（市）為縣（市）政府。

本法有關衛生事項，中央主管機關應會同中央衛生主管機關辦理。

第 四 條　本法適用於下列各業：

一、農、林、漁、牧業。

二、礦業及土石採取業。

三、製造業。

四、營造業。

五、水電燃氣業。

六、運輸、倉儲及通信業。

七、餐旅業。

八、機械設備租賃業。

九、環境衛生服務業。

十、大眾傳播業。

十一、**醫療保健服務業**。

十二、修理服務業。

十三、洗染業。

十四、國防事業。

十五、其他經中央主管機關指定之事業。

前項第十五款之事業，中央主管機關得就事業之部分工作場所或特殊機械、設備指定適用本法。

第二章　安全衛生設施

第　五　條　雇主對下列事項應有符合標準之必要安全衛生設備：

一、防止機械、器具、設備等引起之危害。

二、防止爆炸性、發火性等物質引起之危害。

三、防止電、熱及其他之能引起之危害。

四、防止採石、採掘、裝卸、搬運、堆積及採伐等作業中引起之危害。

五、防止有墜落、崩塌等之虞之作業場所引起之危害。

六、防止高壓氣體引起之危害。

七、防止原料、材料、氣體、蒸氣、粉塵、溶劑、化學物品、含毒性物質、缺氧空氣、生物病原體等引起之危害。

八、防止輻射線、高溫、低溫、超音波、噪音、振動、異常氣壓等引起之危害。

九、防止監視儀表、精密作業等引起之危害。

十、防止廢氣、廢液、殘渣等廢棄物引起之危害。

十一、防止水患、火災等引起之危害。

雇主對於勞工就業場所之通道、地板、階梯或通風、採光、照明、保溫、防濕、休息、避難、急救、醫療及其他為保護勞工健康及安全設備應妥為規劃，並採取必要之措施。

前二項必要之設備及措施等標準，由中央主管機關定之。

第　六　條　雇主不得設置不符中央主管機關所定防護標準之機械、器具，供勞工使用。

第　七　條　雇主對於經中央主管機關指定之作業場所應依規定實施作業環境測定；對危險物及有害物應予標示，並註明必要之安全衛生注意事項。

前項作業環境測定之標準及測定人員資格、危險物與有害物之標示及必要之安全衛生注意事項，由中央主管機關定之。

第　八　條　雇主對於經中央主管機關指定具有危險性之機械或設備，非經檢查機構或中央主管機關指定之代行檢查機構檢查合格，不得使用；其使用超過規定期間者，非經再檢查合格，不得繼續使用。

前項具有危險性之機械或設備之檢查，得收檢查費。

代行檢查機構應依本法及本法所發布之命令執行職務。

檢查費收費標準及代行檢查機構之資格條件與所負責任，由中央主管機關定之。

第　九　條　勞工工作場所之建築物，應由依法登記開業之建築師依建築法規及本法有關安全衛生之規定設計。

第　十　條　工作場所有立即發生危險之虞時，雇主或工作場所負責人應即令停止作業，並使勞工退避至安全場所。

第 十一 條　在高溫場所工作之勞工，雇主不得使其每日工作時間超過六小時；異常氣壓作業、高架作業、精密作業、重體力勞動或其他對於勞工具有特殊危害之作業，亦應規定減少勞工工作時間，並在工作時間中予以適當之休息。

前項高溫度、異常氣壓、高架、精密、重體力勞動及對於勞工具有特殊危害等作業之減少工作時間與休息時間之標準，由中央主管機關會同有關機關定之。

第 十二 條　雇主於僱用勞工時，應施行體格檢查；對在職勞工應施行定期健康檢查；對於從事特別危害健康之作業者，應定期施行特定項目之健康檢查；並建立健康檢查手冊，發給勞工。

前項檢查應由醫療機構或本事業單位設置之醫療衛生單位之醫師為之；檢查紀錄應予保存；健康檢查費用由雇主負擔。

前二項有關體格檢查、健康檢查之項目、期限、紀錄保存及健康檢查手冊與醫療機構條件等，由中央主管機關定之。

勞工對於第一項之檢查，有接受之義務。

第 十三 條 體格檢查發現應僱勞工不適於從事某種工作時，不得僱用其從事該項工作。健康檢查發現勞工因職業原因致不能適應原有工作者，除予醫療外，並應變更其作業場所，更換其工作，縮短其工作時間及為其他適當措施。

第三章 安全衛生管理

第 十四 條 雇主應依其事業之規模、性質，實施安全衛生管理；並應依中央主管機關之規定，設置勞工安全衛生組織、人員。

雇主對於第五條第一項之設備及其作業，應訂定自動檢查計畫、實施自動檢查。

前二項勞工安全衛生組織、人員、管理及自動檢查之辦法，由中央主管機關定之。

第 十五 條 經中央主管機關指定具有危險性機械或設備之操作人員，雇主應僱用經中央主管機關認可之訓練或經技能檢定之合格人員充任之。

第 十六 條 事業單位以其事業招人承攬時，其承攬人就承攬部分負本法所定雇主之責任；原事業單位就職業災害補償仍應與承攬人員負連帶責任。再承攬者亦同。

第 十七 條 事業單位以其事業之全部或一部分交付承攬時，應於事前告知該承攬人有關其事業工作環境、危害因素暨本法及有關安全衛生規定應採取之措施。

承攬人就其承攬之全部或一部分交付再承攬時，承攬人亦應依前項規定告知再承攬人。

第 十八 條 事業單位與承攬人、再承攬人分別僱用勞工共同作業時，為防止職業災害，原事業單位應採取下列必要措施：

一、設置協議組織，並指定工作場所負責人，擔任指揮及協調之工作。

二、工作之連繫與調整。

三、工作場所之巡視。

四、相關承攬事業間之安全衛生教育之指導及協助。

五、其他為防止職業災害之必要事項。

事業單位分別交付二個以上承攬人共同作業而未參與共同作業時，應指定承攬人之一負前項原事業單位之責任。

第 十九 條　二個以上之事業單位分別出資共同承攬工程時，應互推一人為代表人；該代表人視為該工程之事業雇主，負本法雇主防止職業災害之責任。

第 二十 條　雇主不得使童工從事下列危險性或有害性工作：

一、坑內工作。

二、處理爆炸性、引火性等物質之工作。

三、從事鉛、汞、鉻、砷、黃磷、氯氣、氰化氫、苯胺等有害物散布場所之工作。

四、散布有害輻射線場所之工作。

五、有害粉塵散布場所之工作。

六、運轉中機器或動力傳導裝置危險部分之掃除、上油、檢查、修理或上卸皮帶、繩索等工作。

七、超過二百二十伏特電力線之銜接。

八、已熔礦物或礦渣之處理。

九、鍋爐之燒火及操作。

十、鑿岩機及其他有顯著振動之工作。

十一、一定重量以上之重物處理工作。

十二、起重機、人字臂起重桿之運轉工作。

十三、動力捲揚機、動力運搬機及索道之運轉工作。

十四、橡膠化合物及合成樹脂之滾輾工作。

十五、其他經中央主管機關規定之危險性或有害性之工作。

前項危險性或有害性工作之認定標準，由中央主管機關定之。

第 二十一 條 雇主不得使女工從事下列危險性或有害性工作：

一、坑內工作。

二、從事鉛、汞、鉻、砷、黃磷、氯氣、氰化氫、苯胺等有害物散布場所
之工作。

三、鑿岩機及其他有顯著振動之工作。

四、一定重量以上之重物處理工作。

五、散布有害輻射線場所之工作。

六、其他經中央主管機關規定之危險性或有害性之工作。

前項第五款之工作對不具生育能力之女工不適用之。

第一項危險性或有害性工作之認定標準，由中央主管機關定之。

第一項第一款之工作，於女工從事管理、研究或搶救災害者，不適用之。

第 二十二 條 雇主不得使妊娠中或產後未滿一年之女工從事下列危險性或有害性工作：

一、已熔礦物或礦渣之處理。

二、起重機、人字臂起重桿之運轉工作。

三、動力捲揚機、動力運搬機及索道之運轉工作。

四、橡膠化合物及合成樹脂之滾輾工作。

五、其他經中央主管機關規定之危險性或有害性之工作。

前項危險性或有害性工作之認定標準，由中央主管機關定之。

第一項各款之工作，於產後滿六個月之女工，經檢附醫師證明無礙健康
之文件，向雇主提出申請自願從事工作者，不適用之。

第 二十三 條 雇主對勞工應施以從事工作及預防災變所必要之安全衛生教育、訓練。

前項必要之教育及訓練事項，由中央主管機關定之。

勞工對於第一項之安全衛生教育、訓練，有接受之義務。

第 二十四 條 雇主應負責宣導本法及有關安全衛生之規定，使勞工周知。

第 二十五 條 雇主應依本法及有關規定會同勞工代表訂定適合其需要之安全衛生工作
守則，報經檢查機構備查後，公告實施。

勞工對於前項安全衛生工作守則，應切實遵行。

第四章　監督與檢查

第 二十六 條　主管機關得聘請有關單位代表及學者專家，組織勞工安全衛生諮詢委員會，研議有關加強勞工安全衛生事項，並提出建議。

第 二十七 條　主管機關及檢查機構對於各事業單位工作場所得實施檢查。

其有不合規定者，應告知違反法令條款並通知限期改善；其不如期改善或已發生職業災害或有發生職業災害之虞時，得通知其部分或全部停工。

勞工於停工期間，應由雇主照給工資。

第 二十八 條　事業單位工作場所如發生職業災害，雇主應即採取必要之急救、搶救等措施，並實施調查、分析及作成紀錄。

事業單位工作場所發生下列職業災害之一時，雇主應於二十四小時內報告檢查機構：

一、發生死亡災害者。

二、發生災害之罹災人數在三人以上者。

三、其他經中央主管機關指定公告之災害。

檢查機構接獲前項報告後，應即派員檢查。

事業單位發生第二項之職業災害，除必要之急救、搶救外，雇主非經司法機關或檢查機構許可，不得移動或破壞現場。

第 二十九 條　中央主管機關指定之事業，雇主應按月依規定填載職業災害統計，報請檢查機構備查。

第 三十 條　勞工如發現事業單位違反本法或有關安全衛生之規定時，得向雇主、主管機關或檢查機構申訴。

雇主於六個月內若無充分之理由，不得對前項申訴之勞工予以解僱、調職或其他不利之處分。

第五章　罰　則

第 三十一 條　違反第五條第一項或第八條第一項之規定，致發生第二十八條第二項第一款之職業災害者，處三年以下有期徒刑、拘役或科或併科新臺幣十五

萬元以下罰金。

法人犯前項之罪者，除處罰其負責人外，對該法人亦科以前項之罰金。

第 三十二 條　有下列情形之一者，處一年以下有期徒刑、拘役或科或併科新臺幣九萬元以下罰金：

一、違反第五條第一項或第八條第一項之規定、致發生第二十八條第二項第二款之職業災害。

二、違反第十條、第二十條第一項、第二十一條第一項、第二十二條第一項或第二十八條第二項、第四項之規定。

三、違反主管機關或檢查機構依第二十七條所發停工之通知。

法人犯前項之罪者，除處罰其負責人外，對該法人亦科以前項之罰金。

第 三十三 條　有下列情形之一者，處新臺幣三萬元以上十五萬元以下罰鍰：

一、違反第五條第一項或第六條之規定，經通知限期改善而不如期改善。

二、違反第八條第一項、第十一條第一項、第十五條或第二十八條第一項之規定。

三、拒絕、規避或阻撓依本法規定之檢查。

第 三十四 條　有下列情形之一者，處新臺幣三萬元以上六萬元以下罰鍰：

一、違反第五條第二項、第七條第一項、第十二條第一項、第二項、第十四條第一項、第二項、第二十三條第一項、第二十五條第一項或第二十九條之規定，經通知限期改善而不如期改善。

二、違反第九條、第十三條、第十七條、第十八條、第十九條、第二十四條或第三十條第二項之規定。

三、依第二十七條之規定，應給付工資而不給付。

第 三十五 條　違反第十二條第四項、第二十三條第三項或第二十五條第二項之規定者，處新臺幣三千元以下罰鍰。

第 三十六 條　代行檢查機構執行職務，違反本法或依本法所發布之命令者，處新臺幣三萬元以上十五萬元以下罰鍰；其情節重大者，中央主管機關並得予以暫停代行檢查職務或撤銷指定代行檢查職務之處分。

第 三十七 條　依本法所處之罰鍰，經通知而逾期不繳納者，移送法院強制執行。

第六章　附　則

第 三十八 條　為有效防止職業災害，促進勞工安全衛生，培育勞工安全衛生人才，中央
　　　　　　　主管機關得訂定獎助辦法，輔導事業單位及有關團體辦理之。

第 三十九 條　本法施行細則，由中央主管機關定之。

第　四十　條　本法自公布日施行。

C2-2　勞工安全衛生法施行細則

內政部六十三年六月二十八日
臺內勞字第五八二六八○號令發布施行
內政部七十三年二月二十四日
臺內勞字第二一三四四二號令第一次修正
行政院勞工委員會八十年九月十六日
臺(80)勞安三字第二三八九九號令第二次修正

第一章　總　則

第　一　條　本細則依勞工安全衛生法（以下簡稱本法）第三十九條規定訂定之。

第　二　條　本法第二條第一項所稱工資，係指勞工因工作而獲得之報酬；包括工資、薪金及按計時、計日、計月、計件以現金或實物等方式給付之獎金、津貼及其他任何名義之經常性給與均屬之。

第　三　條　本法所稱就業場所，係指於勞動契約存續中，由雇主所提示，使勞工履行契約提供勞務之場所；所稱工作場所，係指就業場所中，接受雇主或代理雇主指示處理有關勞工事務之人所能支配、管理之場所；所稱作業場所，係指工作場所中，為特定之工作目的新設之場所。

第　四　條　本法第二條第四項所稱職業上原因，係指因隨作業活動而衍生，於就業上一切必要行為及其附隨行為而具相當因果關係者。

第　五　條　本法第四條所列事業之定義及其範圍，依附表一之規定。

第　六　條　本法第四條第二項所稱特殊機械、設備，係指：

一、中央主管機關依本法第六條訂有防護標準之機械、器具。

二、中央主管機關依本法第八條指定具有危險性之機械或設備。

三、其他經中央主管機關指定者。

第　七　條　本法所稱檢查機構，係指由中央主管機關設置或授權省（市）主管機關、特定區域設置，為貫徹勞工法令，行使監督、檢查之機構。

第　八　條　本法所稱代行檢查機構，係指經中央主管機關依本法指定，為執行第十四條及第十五條之危險性機械、設備代行檢查職務之行政機關、學術機

構、公營企業或非以營利為目的之法人。

代行檢查機構於執行代行檢查職務時，受中央主管機關之指揮，並受所轄主管機關及檢查機構之監督。

第二章　安全衛生設施

第　九　條　依本法第六條設置下列之機械、器具，應符合中央主管機關所定之防護標準：

一、衝剪機械。

二、手推刨床。

三、木材加工用圓盤鋸。

四、堆高機。

五、研磨機。

六、其他經中央主管機關指定者。

第　十　條　本法第七條第一項規定應實施作業環境測定之作業場所如下：

一、設置有中央管理方式之空氣調節設備之建築物室內作業場所。

二、坑內作業場所。

三、顯著發生噪音之室內作業場所。

四、下列作業場所經中央主管機關指定者：

(1)高溫作業場所。

(2)粉塵作業場所。

(3)鉛作業場所。

(4)四烷基鉛作業場所。

(5)有機溶劑作業場所。

(6)特定化學物質作業場所。

五、其他經中央主管機關指定者。

第　十一　條　本法第七條第一項規定應有標示之危險物，係指爆炸性物質、著火性物質（易燃固體、自燃物質、禁水性物質）、氧化性物質、引火性液體、可燃性氣體及其他之物質，經中央主管機關指定者。

第　十二　條　本法第七條第一項規定應有標示之有害物，係指致癌物、毒性物質、劇毒物質、生殖系統致毒物、刺激物、腐蝕性物質、致敏感物、肝臟致毒物、神經系統致毒物、腎臟致毒物、造血系統致毒物及其他造成肺部、皮膚、眼、黏膜危害之物質，經中央主管機關指定者。

第　十三　條　前二條規定之危險物或有害物應標示之事項如下：

　　　　　　　一、圖式。

　　　　　　　二、內容：

　　　　　　　　　(1)名稱。

　　　　　　　　　(2)主要成份。

　　　　　　　　　(3)危害警告訊息。

　　　　　　　　　(4)危害防範措施。

　　　　　　　　　(5)製造商或供應商之名稱、地址及電話。

第　十四　條　本法第八條第一項所稱危險性機械，係指：

　　　　　　　一、固定式起重機。

　　　　　　　二、移動式起重機。

　　　　　　　三、人字臂起重桿。

　　　　　　　四、升降機。

　　　　　　　五、營建用提升機。

　　　　　　　六、吊籠。

　　　　　　　七、其他經中央主管機關指定者。

　　　　　　　前項第四款之升降機，以廠場或其他專供勞工使用之類似場所之升降機為限。

　　　　　　　第一項危險，性機械應具之容量，及其實施檢查程序、檢查項目、檢查標準及檢查合格有效許可使用期限等，由中央主管機關定之。

第　十五　條　本法第八條第一項所稱危險性設備，係指：

　　　　　　　一、鍋爐。

　　　　　　　二、壓力容器。

三、高壓氣體特定設備。

四、高壓氣體容器。

五、其他經中央主管機關指定者。

前項危險性設備應具之容量，及其實施檢查程序、檢查項目、檢查標準及檢查合格有效許可使用期限等，由中央主管機關定之。

第 十六 條　本法第八條第一項規定之檢查，以機械或設備之種類，分別依下列規定：

一、熔接檢查。

二、構造檢查。

三、竣工檢查。

四、定期檢查。

五、重新檢查。

六、型式檢查。

七、使用檢查。

八、變更檢查。

第 十七 條　雇主依本法第九條規定之建築物委由建築師設計工作場所時，應告知建築師有關該建築物之使用目的、必要條件及本法有關安全衛生規定。

檢查機構對前項有關安全衛生規定，經中央主管機構認有必要時，應實施檢查。

第 十八 條　本法第十條所稱有立即發生危險之虞者，係指：

一、自設備洩漏大量危險物等，有因該等物質引起爆炸、火災等致生災害之緊急危險時。

二、於隧道之營建工程中，有因落磐、出水、崩塌等致生災害之緊急危險或該隧道內部之可燃性氣體濃度達爆炸下限值之百分之三十以上時。

三、於儲槽等之內部或通風不充分之室內作業場所，從事有機溶劑作業，因換氣裝置故障致降低、失去效能，或作業場所內部受有機溶劑或其混存物之污染致有發生有機溶劑中毒之虞時。

四、從事四烷基鉛作業因設備或換氣裝置故障致降低、失去效能，四烷基

鉛之洩漏、溢流或其作業場所被四烷基鉛或其蒸氣污染致有發生四烷基鉛中毒之虞時。

五、於有次乙亞胺、氯乙烯、氯甲基甲基醚、 3, 3′-二氯-4, 4′-二胺基苯化甲烷、四羰化鎳、對-二甲胺基偶氮苯、 β-丙內酯、苯、丙烯醯胺、丙烯腈、氯、氰化氫、溴化甲烷、二異氰酸甲苯、 4, 4′-二異氰酸二苯甲烷、二異氰酸異佛爾酮、異氰酸甲酯、對-硝基氯苯、氟化氫、碘化甲烷、硫化氫、硫酸二甲酯、氨、一氧化碳、氯化氫、硝酸、二氧化硫、酚、光氣、甲醛、硫酸等之洩漏，致有使勞工發生中毒之虞時。

六、從事缺氧危險作業，於該作業場所有發生缺氧危險之虞時。

七、其他經中央主管機關指定者。

第 十九 條　本法第十條及第十八條第一項第一款所稱工作場所負責人，係指於該工作場所中代表雇主從事管理、指揮或監督勞工從事工作之人。

第 二十 條　本法第十二條所稱之體格檢查，係指於僱用勞工從事新工作時，為識別其工作適性之檢查；應分別就可識別適於從事一般工作或從事特別危害健康作業所必要之項目實施之。

本法第十二條所稱之定期健康檢查，係指勞工在職中，於一定期間，依其從事之作業內容實施必要之檢查。

第 二十一 條　本法第十二條所稱特別危害健康之作業，係指：

一、高溫作業。

二、噪音在八十五分貝以上之作業。

三、游離輻射線作業。

四、異常氣壓作業。

五、鉛作業。

六、四烷基鉛作業。

七、粉塵作業。

八、從事下列化學物質之製造或處置作業：

1. 1,1,2,2-四氯乙烷。

2. 四氯化碳。

3. 二硫化碳。

4. 三氯乙烯。

5. 四氯乙烯。

6. 二甲基中醯胺。

7. 正己烷。

8. 聯苯胺及其鹽類。

9. 4-胺基聯苯及其鹽類。

10. 4-硝基聯苯及其鹽類。

11. β-萘胺及其鹽類。

12. 二氯聯苯胺及其鹽類。

13. α-萘胺及其鹽類。

14. 鈹及其化合物。

15. 氯乙烯。

16. 苯。

17. 二異氰酸甲苯。

18. 4, 4'-二異氰酸二苯甲烷。

19. 二異氰酸異佛爾酮。

20. 石綿（以處置作業為限）。

21. 砷及其化合物。

22. 錳及其化合物。

23. 黃磷。

24. 巴拉刈（以製造作業為限）。

25. 含有 1.至 7.列舉物佔其重量比超過百分之五，或含有 8.至 22.列舉物佔其重量比超過百分之一（鈹合金者，以含鈹佔其重量比超過百分之三者為限。）之製劑及其他之物。

26.其他經中央主管機關指定之化學物質及含此等物質之製劑及其他之物。

九、其他經中央主管機關指定之作業。

第 二十二 條　本法第十二條所稱健康檢查手冊，係指受檢勞工依第二十條規定實施之體格檢查、定期健康檢查及依前條規定作業實施特定項目之健康檢查之紀錄，依中央主管機關規定應記載事項彙集成冊者。

第 二十三 條　本法第十二條所稱執行勞工體格檢查、健康檢查之醫療機構，係指中央主管機關會同中央衛生主管機關指定者。

第三章　安全衛生管理

第 二十四 條　本法第十四條所稱勞工安全衛生組織，包括：

一、規劃及辦理勞工安全衛生業務之勞工安全衛生管理單位。

二、具諮詢研究性質之勞工安全衛生委員會。

第 二十五 條　本法第十四條所稱勞工安全衛生人員，係指：

一、勞工安全衛生業務主管。

二、勞工安全管理師（員）。

三、勞工衛生管理師（員）。

四、勞工安全衛生管理員。

第 二十六 條　事業單位之勞工安全衛生管理由雇主或對事業具有管理權限之雇主代理人綜理；由事業各部門主管負執行之責。

第 二十七 條　雇主應依事業之規模及性質使第二十四條第一款之勞工安全衛生管理單位，辦理下列事項：

一、釐訂職業災害防止計畫，並指導有關部門實施。

二、規劃、督導各部門之勞工安全衛生管理。

三、規劃、督導安全衛生設施之檢點與檢查。

四、指導、監督有關人員實施巡視、定期檢查、重點檢查及作業環境測定。

五、規劃、實施勞工安全衛生教育訓練。

六、規劃勞工健康檢查、實施健康管理。

七、督導職業災害調查及處理，辦理職業災害統計。

八、向雇主提供有關勞工安全衛生管理資料及建議。

九、其他有關勞工安全衛生管理事項。

第 二十八 條　第二十四條第二款之勞工安全衛生委員會，為事業單位內研議、協調及建議勞工安全衛生有關事務之機構。

第 二十九 條　雇主應依其事業之規模與工作性質使其事業之各級主管及管理、指揮、監督有關人員，執行與其有關之下列勞工安全衛生事項：

一、職業災害防止計畫事項。

二、安全衛生管理執行事項。

三、定期檢查、重點檢查、檢點及其他有關檢查督導事項。

四、定期或不定期實施巡視。

五、提供改善工作方法。

六、擬定安全作業標準。

七、教導及督導所屬依安全作業標準方法實施。

八、其他雇主交辦有關安全衛生管理。

第 三十 條　本法第十五條所稱危險性機械或設備之操作人員，係指：

一、吊升荷重在五分噸以上之固定式起重機、移動式起重機、人字臂起重桿之操作人員。

二、鍋爐（小型鍋爐及船舶使用之鍋爐除外）之操作人員。

三、第一種壓力容器（小型壓力容器、使用於船舶之壓力容器除外）之操作人員。

四、其他經中央主管機關指定者。

第 三十一 條　本法第十八條之共同作業，係指原事業單位、承攬人或再承攬人等（以下簡稱相關事業單位）僱用之勞工於同一期間、同一工作場所從事工作者。

第 三十二 條　本法第十八條第一項第一款之協議組織，應由原事業單位洽商全體相關事業單位組織之，並定期或不定期進行協議。

第 三十三 條　本法第十八條第一項第一款之協調事項如下：

　　　　　一、劃一固定式起重機、移動式起重機、人字臂起重桿、升降機、簡易提

　　　　　　　升機、營建用提升機等之操作信號事項。

　　　　　二、劃一工作場所標識（示）事項。

　　　　　三、劃一有害物質空容器放置場所之事項。

　　　　　四、劃一警報事項。

　　　　　五、劃一緊急避難辦法及訓練事項。

　　　　　六、使用下列機械、設備或構造物時，應協調使用上安全措施：

　　　　　　　1.打樁機、拔樁機。

　　　　　　　2.軌道裝置。

　　　　　　　3.乙炔熔接裝置。

　　　　　　　4.電弧熔接裝置。

　　　　　　　5.電動機械、器具。

　　　　　　　6.沉箱。

　　　　　　　7.架設通道。

　　　　　　　8.施工架。

　　　　　　　9.工作架台。

　　　　　　　10.換氣裝置。

　　　　　七、其他認有必要之協調事項。

第 三十四 條　雇主依本法第二十四條規定宣導本法及有關安全衛生規定時，得以教育、

　　　　　公告、分發印刷品、集會報告及其他足使勞工周知之方式為之。

第 三十五 條　本法第二十五條所稱安全衛生工作守則之內容，參酌下列事項訂定之：

　　　　　一、事業之勞工安全衛生管理及各級之權責。

　　　　　二、設備之維護與檢查。

　　　　　三、工作安全與衛生標準。

　　　　　四、教育與訓練。

　　　　　五、急救與搶救。

六、防護設備之準備、維持與使用。

七、事故通報與報告。

八、其他有關安全衛生事項。

第 三十六 條　本法第二十五條之勞工代表，事業單位設有工會者，由工會會員或會員代表大會選舉之；未組織工會者，由全體勞工直接選舉之。

第 三十七 條　安全衛生工作守則得依事業單位之實際需要，訂定適用於全部或一部分事業，且得依工作性質、規模分別訂定，報經檢查機構備查。

事業單位所訂安全衛生工作守則，其適用區域跨越省（市）時，應報請中央主管機關備查。

第四章　監督與檢查

第 三十八 條　本法第二十六條規定之勞工安全衛生諮詢委員會，其組織、任務等，由中央主管機關另定之。

第 三十九 條　主管機關與檢查機構應密切配合，加強連繫，其配合聯繫要點視實際之需要由中央主管機關或省（市）主管機關定之。

第 四十 條　主管機關或檢查機構應定期將其實施監督與檢查結果分別報請中央主管機關核備。

第 四十一 條　主管機關或檢查機構為執行勞工安全衛生之監督與檢查事務，於必要時，得要求雇主、或其代理人、勞工或其他相關人員提出相關報告、紀錄、文件或說明。

第 四十二 條　主管機關或檢查機構為執行勞工安全衛生監督與檢查，於必要時，得要求代行檢查機構或代行檢查人員，提出相關報告、紀錄、帳冊、文件或說明。

第 四十三 條　依本法第二十七條之規定，執行部分或全部停工時，其停工日數由主管機關或檢查機構視其情節分別審酌決定之。

前項全部停工日數超過七日以上者，應報請中央主管機關核定之。

第 四十四 條　事業單位於有緊急發生職業災害致勞工嚴重傷害或死亡之虞必須立即停工者，應由檢查員立即報告檢查機構予以停工。

第 四十五 條　本法第二十九條所稱中央主管機關指定之事業如下：

　　　　　　　一、僱用勞工人數在三十人以上之製造業、營造業、水電燃氣業、礦業及

　　　　　　　　　土石採取業、運輸、倉儲及通信業、造林業、伐木業。

　　　　　　　二、其他經由中央主管機關指定並經檢查機構通函告知者。

第五章　罰　則

第 四十六 條　本法所定之罰鍰，由該管主管機關執行。

第六章　附　則

第 四十七 條　本細則自發布日施行。

C4-1　危險物及有害物通識規則

中華民國八十一年十二月二十八日
臺八十一勞安三字第五○三○一號令發布

第一章　總　則

第　一　條　本規則依勞工安全衛生法（以下簡稱本法）第七條規定訂定之。

第　二　條　本規則適用之危險物及有害物，係指依本法施行細則第十一條、第十二條規定如附表一所列者（以下簡稱危害物質）。

第　三　條　本規則所訂左列名詞，其意義為：

一、製成品：係指在製造過程中，已形成特定形狀之物品或依特定設計之物品，其最終用途全部或部分決定於該特定形狀或設計，且在正常使用狀況下不會釋放出危害物質。

二、容器：係指任何袋、筒、瓶、箱、罐、桶、反應器、儲槽、管路及其他可盛裝危害物質者。但不包含交通工具內之引擎、燃料槽或其他操作系統。

三、製造商：係指製造危害物質供批發、零售、處置或使用之事業單位。

四、供應商：係指輸入、輸出、批發或零售危害物質之事業單位。

第　四　條　左列物品不適用本規則：

一、有害事業廢棄物。

二、菸草或菸草製品。

三、食品、藥物、化粧品。

四、製成品。

五、其他經中央主管機關指定者。

第二章　標　示

第　五　條　雇主對裝有危害物質之容器，應依附表二規定之分類、圖式，及參照附表三之格式明顯標示左列事項：

一、圖式。

二、內容。

1.名稱。

2.主要成份。

3.危害警告訊息。

4.危害防範措施。

5.製造商或供應商之名稱、地址及電話。

前項之容器裝有含二種以上危害物質之混合物時,其圖式應依混合後之健康及物理危害性予以標示。其應標示之主要成份係指所含危害物質在百分之一以上且佔前三位者。

前項之健康及物理危害性之判定,如混合物已作整體測試者,依整體測試結果;未作整體測試者,其健康危害性視同具有各該成份之健康危害性,對於燃燒、爆炸及反應性等物理危害性得使用任何有科學根據之資料,評估其潛在物理危害性。

第　六　條　農藥、環境衛生用藥、放射性物質等危害物質之標示,其他法令另有規定者,從其規定,不受前條之限制。

第　七　條　第五條標示之圖式形狀為直立四十五度角之正方形(菱形),其最小尺寸如左圖所示。但於小型容器上無法標示時,得依比例縮小至能辨識清楚為度。

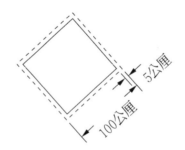

前項圖式內所用文字,應以中文為主。

第　八　條　雇主對裝有危害物質之容器屬左列情形之一者,得免標示:

一、外部容器已標示,僅供內襯且不再取出之內部容器。

二、內部容器已標示，由外部可見到標示之外部容器。

三、勞工使用之可攜帶容器，其危害物質取自有標示之容器，且僅供裝入之勞工當班立即使用者。

四、危害物質取自有標示之容器，並供實驗室自行作實驗、研究之用者。

第 九 條　雇主對裝有危害物質之容器屬左列之一者，得於明顯之處，設置第五條規定事項之公告板以代替容器標示。但屬於管系者，得掛使用牌或漆有規定識別顏色及記號替代之：

一、裝同一種危害物質之數個容器，置放於同一處所。

二、導管或配管系統。

三、反應器、蒸餾塔、吸收塔、析出器、混合器、沉澱分離器、熱交換器、計量槽、儲槽等化學設備。

四、冷卻裝置、攪拌裝置、壓縮裝置等設備。

五、輸送裝置。

前項管系之使用牌、識別顏色及記號，應依中國國家標準「九三二九」管系識別之規定辦理。但在本規則發布以前，已塗有識別顏色之管系，如能達到辨識目的者，不在此限。

第一項第二款至第五款之容器如設置第五條規定事項之公告板，其製造商或供應商之名稱、地址及電話經常變更，但有物質安全資料表者，得免標示第五條第一項第二款（五）之事項。

第 十 條　雇主對裝有危害物質之內部容器已設標示者，其外部容器得僅依運輸相關法規標示。

第 十一 條　雇主對裝有危害物質之船舶、航空器或運送車輛之標示，應依交通、環境保護法規中有關運輸之規定辦理，其未規定者，得僅標示危害物質名稱及圖式。

第三章　物質安全資料表

第 十二 條　雇主對含有危害物質之每一物品，應依附表四之規定提供勞工必要之安全衛生注意事項（以下簡稱物質安全資料表，格式參照附表五），並置於

工作場所中易取得之處。

第 十三 條　製造商或供應商對前條之物品為含有二種以上危害物質之混合物時，應依其混合後之健康及物理危害性，製作一份物質安全資料表。

前項健康及物理危害性之判定，如混合物已作整體測試者，依整體測試結果；未作整體測試者，其健康危害性視同具有各該成分之健康危害性，對於燃燒、爆炸及反應性等物理危害性得使用任何有科學根據之資料，評估其潛在物理危害性。

第 十四 條　物質安全資料表之危害性成份，依左列規定記載之：

一、危害物質為純物質者，應列出其化學名稱、同義名稱。

二、對含有危害物質之混合物已作整體測試判定為具危害性者，應列出該危害性成份之化學名稱、同義名稱。

三、對含有危害物質之混合物未實施整體測試，其健康及物理危害性成份之濃度在百分之一以上者，應列出其化學名稱、同義名稱。

第 十五 條　前條混合物屬同一種類之物品，其濃度不同而主要成份、用途及危害性相同時，得使用同一份物質安全資料表，但應註明不同物品名稱。

第 十六 條　雇主應隨時檢討物質安全資料表內容之正確性，並予更新。

前項物質安全資料表至少每三年更新一次。

第四章　配合措施

第 十七 條　雇主為推行危害物質之通識制度，應訂定危害通識計畫及製作危害物質清單（附表六）以便管理。

第 十八 條　雇主使勞工從事製造、處置或使用危害物質時，應依勞工安全衛生教育訓練規則之規定施以必要之安全衛生教育訓練。

第 十九 條　雇主為維護國家安全或商業機密之必要而保留危害物質名稱、含量或供應商名稱，應檢附左列有關資料，經由勞工檢查機構轉報中央主管機關核定：

一、認定為國家安全或商業機密之證明資料。

二、為保護國家安全或商業機密資料所採取之對策。

三、該資料對申請者及其競爭者之經濟利益。

中央主管機關辦理前項之核定，得聘學者專家及有關代表組織委員會，其辦法另定之。

第 二十 條　主管機關、檢查機構或醫師為執行業務需要時，得要求事業單位，提供危害物質名稱、含量或供應商名稱，事業單位不得拒絕。

第 二十一 條　第十九條、第二十條之資料，應予保密。

第五章　附　則

第 二十二 條　以處置或使用危害物質為目的之事業單位，於本規則發布後一年內，得不適用本規則之規定。

第 二十三 條　本規則自發布後六個月施行。

附表一　中央主管機關指定應標示之危險物及有害物

壹、危險物

一、爆炸性物質中之左列物質：

　　⑴硝化乙二醇、硝化甘油、硝化纖維及其他具有爆炸性質之硝酸酯類。

　　⑵三硝基苯、三硝基甲苯、三硝基酚及其他具有爆炸性質之硝基化合物。

　　⑶過醋酸、過氧化丁酮、過氧化二苯甲醯及其他過氧化有機物。

二、著火性物質中之左列物質：

　　⑴易燃固體係指硫化磷、赤磷、賽璐珞類等有易被外來火源所引燃迅速燃燒之固體。

　　⑵自燃物質係指黃磷、二亞硫磺酸鈉、鋁粉末、鎂粉末及其他金屬粉末等有自行生熱或自行燃燒之固體或液體。

　　⑶禁水性物質指金屬鉀、金屬鋰、金屬鈉、碳化鈣、磷化鈣及其他之物質，具有與水接觸能放出易燃之氣體。

三、氧化性物質中之左列物質：

　　⑴氯酸鉀、氯酸鈉、氯酸銨及其他之氯酸鹽類。

　　⑵過氯酸鉀、過氯酸鈉、過氯酸銨及其他之過氯酸鹽類。

　　⑶過氧化鉀、過氧化鈉、過氧化鋇及其他之無機過氧化物。

　　⑷硝酸鉀、硝酸鈉、硝酸銨及其他之硝酸鹽類。

　　⑸亞氯酸鈉及其他之固體亞氯酸鹽類。

　　⑹次氯酸鈣及其他之固體次氯酸鹽類。

四、引火性液體中之左列物質：

　　⑴乙醚、汽油、乙醛、環氧丙烷、二硫化碳及其他之閃火點未滿攝氏零下三十度之物質。

　　⑵正己烷、環氧乙烷、丙酮、苯、丁酮及其他之閃火點在攝氏零下三十度以上未滿攝氏零度之物質。

　　⑶乙醇、甲醇、二甲苯、乙酸戊酯及其他之閃火點在攝氏零度以上未滿攝氏三十

度之物質。

(4)煤油、輕油、松節油、異戊醇、醋酸及其他之閃火點在攝氏三十度以上未滿攝氏六十五度之物質。

五、可燃性氣體中之左列物質:

(1)氫。

(2)乙炔、乙烯。

(3)甲烷、乙烷、丙烷、丁烷。

(4)其他於一大氣壓下、攝氏十五度時,具有可燃性之氣體。

六、爆炸性物品:

(1)火藥: 爆發比較緩慢以燃燒作用為主並無顯著爆炸破壞作用之物品,包括:

　　1.黑色火藥及其他硝酸鹽類之有煙火藥。

　　2.硝化纖維之單基無煙火藥。

　　3.硝化纖維化甘油之雙基無煙火藥。

(2)炸藥: 爆發非常迅速隨即發生強烈爆炸破壞作用之物品,包括:

　　1.雷汞及疊氮化鉛、史蒂芬酸鉛、重氮基酚等之起爆藥。

　　2.硝化甘油及硝酸酯類。

　　3.硝酸鹽之炸藥。

　　4.過氯酸鹽類及氯酸鹽類之混合炸藥。

　　5.三硝基甲苯、三硝基酚等硝基化合物之炸藥。

　　6.液氧爆藥及其他液體爆藥。

(3)爆劑: 以硝酸銨等氧化劑為主成份,須置於封閉裝置內以雷管可引爆之混合物,包括:

　　1.硝油爆劑類。

　　2.漿狀爆劑類。

(4)引炸物: 導火燃燒或爆炸作用之物品,包括:

　　1.雷管類。

　　2.導火索。

3.導爆索。

(5)其他具有爆炸性之化工原料：係指原料本身可直接爆炸或經引爆而爆炸者，包括供製造爆炸物用之疊氮化鉛、雷汞、硝化澱粉、硝甲銨基三硝基苯等。

貳、有害物

一、有機溶劑中毒預防規則中之左列物質：

1.第一種有機溶劑

(1)三氯甲烷　　Trichloromethane

(2) 1,1,2,2.-四氯乙烷　　1,1,2,2-Tetrachloroethane

(3)四氯化碳　　Tetrachloromethane

(4) 1,2-二氯乙烯　　1,2-Dicholroethylene

(5) 1,2-二氯乙烷　　1,2-Dichloroethane

(6)二硫化碳　　Carbon Disulfide

(7)三氯乙烷　　Trichloroethylene

2.第二種有機溶劑

(8)丙酮　　Acetone

(9)異戊醇　　Isoamyl Alcohol

(10)異丁醇　　Isobutyl Alcohol

(11)異丙醇　　Isopropyl Alcohol

(12)乙醚　　Ethyl Ether

(13)乙二醇乙醚　　Ethylene Glycol Monoethyl Ether

(14)乙二醇乙醚醋酸　　Ethylene Glycol Monoethyl Ether Acetate

(15)乙二醇丁醚　　Ethylene Glycol Monobutyl Ether

(16)乙二醇甲醚　　Ethylene Glycol Monmethyl Ether

(17)鄰-二氯苯　　*o*-Dichloro Benzene

(18)二甲苯　　Xylene

(19)甲酚　　Cresol

(20)氯苯　　Chlorobenzene

⑵乙酸戊酯　　Amyl Acetate

⑵乙酸異戊酯　　Isoamyl Acetate

⑵乙酸異丁酯　　Isobutyl Acetate

⑷乙酸異丙酯　　Isopropyl Acetate

⑸乙酸乙醋　　Ethyl Acetate

⑹乙酸丙醋　　Propyl Acetate

⑵乙酸丁醋　　Butyl Acetate

⑵乙酸甲酯　　Methyl Acetate

⑵苯乙烯　　Styrene

⑶ 1,4–二氯陸圜　　1,4-Dioxan

⑶四氯乙烯　　Tetrachloroethylene

⑶環己醇　　Cyclohexanol

⑶環己酮　　Cyclohexanone

⑷ 1–丁醇　　1-Butyl Alcohol

⑶ 2–丁醇　　2-Butyl Alcohol

⑶甲苯　　Toluene

⑶二氯甲烷　　Dichhloromethane

⑶甲醇　　Methyl Alcohol

⑶甲基異丁酮　　Methyl Isobutyl Ketone

⑷甲基環己醇　　Methyl Cyclohexanol

⑷甲基環己酮　　Methyl Cyclohexauone

⑷甲丁酮　　Methyl Butyl Ketone

⑷ 1,1,1–三氯乙烷　　1,1,1-Trichloro

⑷ 1,1,2–三氯乙烷　　1,1,2-Trichloro

⑷丁酮　　Metyl Ethyl Ketone

⑷ N, N-二甲基甲醯銨　　N, N-Dimethylformamide

⑷四氫吹喃　　Tetrahydrofuran

⑷正己烷　　*n*-Hexane

3.第三種有機溶劑

⑷汽油　　Gasoline

⑸煤焦油精　　Coal-tar Naphtha

⑸石油醚　　Petroleum Ether

⑸石油精　　Petroleum Naphtha

⑸輕油精　　Petroleum Benzine

⑸松節油　　Turpentine

⑸礦油精　　Mineral Spirit (Mineral Thinner Petrolaum Spirit, White Spirit)

⑸其他經中央主管機關指定者。

二、特定化學物質危害預防標準中之左列物質:

⑴黃磷火柴　　Yellow Phosphorus Match

⑵含苯膠糊（含苯容量佔該膠糊之溶劑）含稀釋劑（超過百分之五者）

⑶聯苯胺及其鹽類　　Benzidine and Its Salts

⑷ 4–氨基聯苯及其鹽類　　4-Aminodiphenyl and Its Salts

⑸ 4–硝基聯苯及其鹽類　　4-Nitrodiphenyl and Its Salts

⑹ β–萘胺及其鹽類　　β-Naphthylamine and Its Salts

⑺二氯甲基醚　　Bis-Cholromethyl Ether

⑻二氯聯苯胺及其鹽類　　Dichlorobenzidine and Its Salts

⑼ α–萘胺及其鹽類　　α-Naphthylamine and Its Salts

⑽鄰–二甲基聯苯胺及鹽類　　*o*-Tolidine and Its Salts

⑾二甲氧基聯苯胺及其鹽類　　Dianisidine and Its Salts

⑿鈹及其化合物（鈹合金時，含有鈹佔其重量超過百分之三者為限）　　Beryllium and Its Compounds

⒀二氯甲苯　　Benzotrichloride

⒁多氯聯苯　　Polychlorinated Biphenyl

(15)次乙亞胺　　Ethyleneimine

(16)氯乙烯　　Vinyl Chloride

(17)對–二甲胺基偶氮苯　　*p*-Dimethylaminoazobezaene

(18)3,3–二氯–4,4–二胺基苯化甲烷　　3,3-Dichloro–4,4-Diamine-Diphenyl Methane

(19)四羰化鎳　　Nickel Carbonyl

(20)氯甲基甲基醚　　Chloromethyl Methyl Ether

(21) *β*–丙內酯　　*β*-Propiolactone

(22)苯　　Benzene

(23)丙稀醯胺　　Acrylamide

(24)丙烯腈　　Acrylonitrile

(25)氯　　Chlorine

(26)氰化氫　　Hydrogen Cyanide

(27)溴化甲烷　　Methyl Bromide

(28)二異氰酸甲苯　　Toluene Diisocyanate

(29)4,4–異氰酸二苯甲烷　　Methylene Bisphenyl Isocyanate

(30)二異氰酸異佛爾酮　　Isophorone Diisocyanate

(31)異氰酸甲酯　　Methyl Isocyanate

(32)對–硝基氯苯　　*p*-Nitrocholrobenzene

(33)氟化氫　　Hydrogen Fluoride

(34)碘化甲烷　　Methyl Iodide

(35)硫化氫　　Hydrogen Sulfide

(36)硫酸二甲酯　　Dimethyl Sulfate

(37)奧黃　　Auramine

(38)苯胺紅　　Magenta

(39)石綿　　Asbestos

(40)鉻酸及鉻酸鹽　　Chromic Acid and Chromates

(41)煤焦油　　Coal Tar

⑷三氧化二砷　　Arsenic Trioxide

⑷重酸及其鹽類　　Dichromic Acid and Its Salts

⑷烷基汞化物（烷基以甲基或乙基為限）　Alkyl Mercury Compounds

⑷鄰–二腈苯　　*o*-Phthalodinitrile

⑷鎘及其化合物　　Cadmium and Its Compounds

⑷五氧化二釩　　Vanadium Pentaoxide

⑷氰化鉀　　Potassium Cyanide

⑷氰化鈉　　Sodium Cyanide

⑸汞及其無機化合物　　Mercury and Its Inorganic Compounds

⑸硝化乙二醇　　Nitroglycol

⑸五氯化酚及其鈉鹽　　Pentachlorophenol and Its Sodium Salts

⑸錳及其化合物（氫氧化錳除外）Manganese and Its Compounds (except Manganese Hydrooxide)

⑸氨　　Ammonia

⑸一氧化碳　　Carbon Monoozide

⑸氯化氫　　Hydrogen Chloride

⑸硝酸　　Nitric Acid

⑸二氧化硫　　Sulfur Dioxide

⑸酚　　Phenol

⑹光氣　　Phosgene

⑹甲醛　　Formaldehyde

⑹硫酸　　Sulfuric Acid

⑹其他經中央主管機關指定者。

三、其他指定之化學物質：

⑴乙醛　　Acetaldehyde

⑵醋酸　　Acetic Acid

⑶乙酸酐　　Acetic Anhydride

⑷丙烯醛　Acrolein

⑸苯胺　Aniline

⑹銻及其化合物　Antimony and Its Compounds

⑺砷化氫　Arsine

⑻鋇及其可溶性化合物　Barium and It's Soluble Compounds

⑼雙吡　Bipyridine

⑽三氟化硼　Boron Trifluouide

⑾溴　Bromine

⑿丁二烯　Butadiene

⒀氧化鈣　Calcium Oxide

⒁合成樟腦　Camphor (Synthetic)

⒂二氧化碳　Carbon Dioxide

⒃二氧化氯　Chlorine Dioxide

⒄氰化物　Cyanides

⒅環己烷　Cyclohexane

⒆二氯乙醚　Dichloroethyl Ether

⒇二氯松　Dimethyl Dichlorovinyl Phosphate

(21)二硝基苯　Dinitrobenzene

(22)二硝基甲苯　Dinitrotoluene

(23)二硝基乙二醇　Dinitroethylene Glycol

(24)鄰－苯二甲酸二辛酯　o-Dioctyl Phthalate

(25)乙醇胺　Ethanolamine

(26)乙胺　Ethylamine

(27)丙烯酸乙酯　Ethyl Acrylatr

(28)乙硫醇　Ethyl Mercaptan

(29)乙二胺　Ethylene Diamine

(30)二溴乙烷　Ethylene Dibromide

(31)乙二醇　　Ethylene Glycol

(32)環氧乙烷　　Ethylene Oxide

(33)氟化物　　Fluorides

(34)氟　　Fluorine

(35)甲酸　　Formic Acid

(36)呋喃甲醛　　Furfural

(37)聯胺　　Hydrazine

(38)過氧化氫　　Hydrogen Peroxide

(39)硒化氫　　Hydrogen Selenide

(40)苯二酚　　Hydroquinone

(41)碘　　Iodine

(42)靈丹　　Lindane

(43)鉛及其他無機化合物　　Lead and Its Inorganic Compounds

(44)順一丁烯二酐　　Mealeic Anhydride

(45)丙烯酸甲酯　　Methyl Acrylate

(46)甲基丙烯酸甲酯　　Methyl Methacrylate

(47)萘　　Naphthalene

(48)菸鹼　　Nicotine

(49)一氧化氮　　Nitric Oxide

(50)硝基苯　　Nitrobenzene

(51)二氧化氮　　Nitrogen Dioxide

(52)硝基甲苯　　Nitrotoluene

(53)辛烷　　Octane

(54)草酸　　Oxalic Acid

(55)臭氧　　Ozone

(56)巴拉刈　　Paraquat

(57)巴拉松　　Parathion

(58)五氯化萘　　Pentachloronaphthalene

(59)磷化氫　　Phosphine

(60)黃磷　　Phosphorus (Yellow)

(61)五氯化磷　　Phosphorus Pentachloride

(62)五硫化磷　　Phosphorus Pentasulfide

(63)三氯化磷　　Phosphorus Trichloride

(64)對－苯二甲酐　　Phthalic Anhydride

(65)除蟲菊　　Pyrethrum

(66)吡啶　　Pyridine

(67)醌　　Quinone

(68)二氧化矽　　Silicon Dioxide

(69)四乙基鉛　　Tetraethyl Lead

(70)四甲基鉛　　Tetramethyl Lead

(71)錫及錫化合物　　Tin and Its Inorganic Compounds

(72)殺鼠靈　　Warfarin

(73)其他經中央主管機關指定者

四、放射性物質：係指產生自發性核變化，而放出一種或數種游離輻射之物質。

五、其他經中央主管機關指定者。

附表二　危害物質之分類及圖式

危害性分類		圖　式	說　明	備　註
類別	組　　別			
第一類：爆炸物	1.1 組　有一齊爆炸危險之物質或物品。 1.2 組　有拋射危險，但不一齊爆炸之物質或物品。 1.3 組　會引起火災，並有輕微爆炸、拋射危險之物質或物品。		象徵符號: 炸彈爆炸，黑色 背景: 橙色 數字「1」置於底角 **: 類組位置 *: 相容組之位置 象徵符號與類號間註明「爆炸物」	1.本表各項定義及圖式之顏色依中國國家標準 CNS 6864 Z 5071 危險物標誌之規定。 2.歸於第一類以外之危害物質，如 4.2 組自燃物質及 5.2 組有機過氧化物具有爆炸之危險時，應標示之爆炸附加危險圖示為:
	1.4 組　無重大危險之物質或物品。		背景: 橙色 文字: 黑色 數字之高度約 30 mm，寬度 5 mm (標誌為 100 mm × 100 mm 時) 數字 "1" 置於底角	
	1.5 組　有一齊爆炸危險，但不敏感之物質或物品。		背景: 橙色 文字: 黑色 數字之高度約 30 mm，寬度 5 mm (標誌為 100 mm × 100 mm 時) 數字 "1" 置於底角	
	1.6 組　有一齊爆炸危險，但極不敏感之物質或物品。		背景: 橙色 文字: 黑色 數字之高度約 30 mm，寬度 5 mm (標誌為 100 mm × 100 mm 時) 數字 "1" 置於底角	
第二類：氣體	2.1 組　易燃氣體		象徵符號: 火焰、得為白色或黑色 背景: 紅色 數字 "2" 置於底角 象徵符號與類號間註明「易燃氣體」	

危害性分類		圖　式	說　明	備　註
類別	組　別			
	2.2 組　非易燃氣體		象徵符號: 氣體鋼瓶, 得為白色或黑色 背景: 綠色 數字 "2" 置於底角 象徵符號與類號間註明「非易燃氣體」	
	2.3 組　毒性氣體		象徵符號: 骷髏與兩根交叉方腿骨, 黑色 背景: 白色 數字 "2" 置於底角 象徵符號與類號間註明「毒性氣體」	
第三類:易燃液體	不分組		象徵符號: 火焰, 得為黑色或白色 背景: 紅色 數字 "3" 置於底角 象徵符號與類號間註明「易燃液體」	
第四類:易燃固體	4.1 組　易燃固體		象徵符號: 火焰, 黑色 背景: 白色加七條紅帶 數字 "4" 置於底角 象徵符號與類號間註明「易燃固體」	
第四類:自燃物質;禁水性物質	4.2 組　自燃物質		象徵符號: 火焰, 黑色 背景: 上半部為白色, 下半部紅色 數字 "4" 置於底角 象徵符號與類號間註明「自燃物質」	

危害性分類		圖　式	說　明	備　註
類別	組　別			
	4.3 組　禁水性物質		象徵符號: 火焰，得為白色或黑色 背景: 藍色 數字 "4" 置於底角 象徵符號與類號間註明「禁水性物質」	
第五類：氧化性物質	5.1 組　氧化性物質		象徵符號: 圓圈上一團火焰，黑色 背景: 黃色 數字 "5.1" 置於底角 象徵符號與類號組間註明「氧化性物質」	
第五類：有機過氧化物	5.2 組　有機過氧化物		象徵符號: 圓圈上一團火焰，黑色 背景: 黃色 數字 "5.2" 置於底角 象徵符號與類組號間註明「有機過氧化物」	
第六類：毒性物質	6.1 組　毒性物質　Ⅰ及Ⅱ分組		象徵符號: 骷髏與兩根交叉方腿骨，黑色 背景: 白色 數字 "6" 置於底角 象徵符號與類號間註明「毒性物質」	
	6.1 組　毒性物質　Ⅲ分組		象徵符號: 窄木條交叉於麥穗上，黑色 背景: 白色 數字 "6" 置於底角 象徵符號與類號間註明「毒性物質」及「遠離食物」	

危害性分類		圖　式	說　明	備　註
類別	組　別			
第七類：放射性物質	放射性物質　Ⅰ、Ⅱ、Ⅲ分組	依行政院原子能委員會之有關法令辦理。	依行政院原子能委員會之有關法令辦理。	
第八類：腐蝕性物質	不分組		象徵符號：液體自兩個玻璃容器倒在手上與金屬片上，黑色 背景：上半部為白色，下半部黑色白邊 數字 "8" 置於底角 象徵符號與類號間註明白色「腐蝕性物質」	
第九類：其他危險物	不分組		象徵符號：上半部七條黑色垂直線條 背景：白色 數字 "9" 置於底角	

附表三　標示之格式

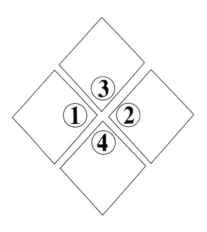

註：　1.圖式請依附表二之規定。

2.有二種以上圖式時，請按阿拉伯數字排列之。

名　　稱：

主要成分：

危害警告訊息：

危害防範措施：

製造商或供應商：(1)名稱

(2)地址

(3)電話

※更詳細的資料，請參考物質安全資料表。

附表四 物質安全資料表

一、製造商或供應商資料：製造商或供應商名稱、地址、諮詢者姓名及電話、緊急聯絡電話、傳真電話等。

二、辨識資料：物品中（英）文名稱、同義名稱、危害物成分之中英文名稱、化學式、含量（成份百分比）、化學文摘社登記號碼 (CAS, No.)、容許濃度及半數致死劑量 (LD_{50})、半數致死濃度 (LC_{50})（須說明測試動物之種屬及測試之吸收途徑）等。

三、物理及化學特性：物質狀態、pH值、外觀、氣味、沸點、熔點、蒸氣壓、蒸氣密度、比重、揮發速率、水中溶解度等。

四、火災及爆炸危害資料：閃火點及測試方法、爆炸界限（上限、下限）、滅火材料、特殊滅火程序。

五、反應特性：安定性、危害分解物、危害之聚合、不相容性、及其應避免之狀況或物質等。

六、健康危害及急救措施：進入人體途徑、健康危害效應、暴露之徵兆及症狀、緊急處理及急救措施等。

七、暴露預防措施：個人防護設備、通風設備、操作與儲存注意事項、個人衛生等。

八、洩漏及廢棄處理：洩漏之緊急應變、廢棄處理方法等。

九、運送資料：聯合國編號(UN. No.)、危害性分類、所需圖式種類。

十、製表者資料：製表單位名稱、地址及電話、製表人職稱及簽章、製表日期等。

C5-1　毒性化學物質管理法

中華民國七十五年十一月二十六日總統華總 (一) 義字
第五九六二號令制定公布全文二十九條
中華民國八十六年十一月十九日總統華總 (一) 義字
第八六〇〇二四六七八〇號令修正公布全文四十四條

第一章　總　則

第　一　條　為防制毒性化學物質污染環境或危害人體健康，特制定本法；本法未規定者，適用其他有關法令之規定。

第　二　條　本法專用名詞定義如下：

　　一、毒性化學物質：指人為產製或於產製過程中衍生之化學物質，經中央主管機關公告者。其分類如下：

　　第一類毒性化學物質：化學物質在環境中不易分解或因生物蓄積、生物濃縮、生物轉化等作用，致污染環境或危害人體健康者。

　　第二類毒性化學物質：化學物質有致腫瘤、生育能力受損、畸胎、遺傳因子突變或其他慢性疾病等作用者。

　　第三類毒性化學物質：化學物質經暴露，將立即危害人體健康或生物生命者。

　　第四類毒性化學物質：化學物質有污染環境或危害人體健康之虞者。

　　二、運作：對化學物質進行製造、輸入、輸出、販賣、運送、使用、貯存或廢棄等行為。

　　三、污染環境：因化學物質之運作而改變空氣、水或土壤品質，致影響其正常用途，破壞自然生態或損害財物。

　　四、釋放量：化學物質因運作而流布於空氣、水或土壤中之總量。

第　三　條　本法所稱主管機關：在中央為行政院環境保護署；在省為環境保護處；在直轄市為環境保護局；在縣（市）為縣（市）政府。

第　四　條　主管機關得指定或委託專責機關，辦理毒性化學物質管理之研究、人員

訓練、危害評估及預防有關事宜。

第二章　危害評估及預防

第　五　條　中央主管機關得依化學物質之毒理特性，公告為第一類、第二類、第三類或第四類毒性化學物質。

第一類、第二類及第三類毒性化學物質，中央主管機關得限制或禁止其有關之運作。

第四類毒性化學物質之運作，除應依本法及中央主管機關規定申報運作紀錄、釋放量紀錄、該毒性化學物質之毒理相關資料及適用第二十三條、第二十九條、第三十三條及第三十四條規定外，不受本法其他規定之限制。

第　六　條　毒性化學物質之運作及其釋放量，運作人應依中央主管機關之規定作成紀錄，妥善保存備查；主管機關得令其定期申報紀錄。

第　七　條　第一類及第二類毒性化學物質之運作，中央主管機關得會商目的事業主管機關以釋放總量管制方式管制之。

第　八　條　第三類毒性化學物質之運作人，應依中央主管機關規定，檢送該毒性化學物質之毒理相關資料、危害預防及應變計畫，送請當地主管機關備查，並公開供民眾查閱。

第三章　管　理

第　九　條　毒性化學物質之運作，除法律另有規定外，應依照中央主管機關公告或審定之方法行之。

前項公告，由中央主管機關會商有關機關後為之。

第　十　條　毒性化學物質經科學技術或實地調查研究，證實原公告之管理事項已不合需要時，中央主管機關應即公告變更或註銷之。

第 十一 條　中央主管機關得指定應申請核發許可證或登記備查之毒性化學物質運作行為。

經指定應申請核發許可證之運作行為，運作人應提出該物質之成分、性能、管理方法及有關資料，向主管機關申請審查，核發許可證後，始得運

作。

經指定應登記備查之運作行為，運作人應依中央主管機關規定提送相關資料，報請主管機關登記備查後，始得運作。

第 十二 條　中央主管機關應公告指定運作人對其運作風險投保第三人責任險，其保險契約項目及內容由中央主管機關會商相關機關後定之。

第 十三 條　許可證之有效期間為五年，期滿六個月前，得向原發證機關申請核准展延，每次展延不得超過五年。

前項許可證有效期間內，為防制毒性化學物質污染環境或危害人體健康，主管機關得變更許可事項或撤銷之。

第 十四 條　經依本法規定撤銷許可證、撤銷登記或勒令歇業者，毒性化學物質運作人二年內不得申請該毒性化學物質運作之許可證或登記。

第 十五 條　毒性化學物質之容器、包裝或其運作場所及設施等，應依中央主管機關之規定，標示其毒性及污染防制有關事項，並備該毒性化學物質之物質安全資料表。

第 十六 條　毒性化學物質之製造、使用及貯存，應依規定設置專業技術管理人員，從事毒性化學物質之污染防制、危害預防及緊急防治。

前項專業技術管理人員之資格、證照取得及撤銷、訓練、人數、執行業務及其設置管理辦法，由中央主管機關定之。

第 十七 條　毒性化學物質之運作過程中，應維持其防止排放或洩漏設施之正常操作，並備有應變器材。其偵測及警報設備之設置及操作，並應符合中央主管機關之規定。

第 十八 條　毒性化學物質停止運作期間超過一個月者，負責人應自停止運作之日起三十日內，將所剩之毒性化學物質列冊報請主管機關核准，並依下列方式處理之：

一、退回原製造或販賣者。

二、販賣或轉讓他人。

三、退運出口。

四、依廢棄物清理法處置。

五、其他經中央主管機關公告或審定之方式。

第　十九　條　毒性化學物質之運作，有下列情形之一者，視為停止運作：

一、未經主管機關核准，中止運作一年以上者。

二、中止運作六個月以上，經主管機關認定有污染環境或危害人體健康
之虞者。

三、依本法規定撤銷其許可證、撤銷登記或勒令歇業者。

第　二十　條　毒性化學物質運送之安全裝備、申報、許可、檢驗、檢查等管理辦法，由
中央主管機關會同有關機關定之。

第 二十一 條　經依第十一條第一項指定之運作行為，運作人不得將該毒性化學物質販
賣或轉讓予未經依第十一條第二項、第三項規定取得許可證、登記備查
或依第二十七條第二項取得核可者。但事先報經主管機關核准者，不在
此限。

第 二十二 條　毒性化學物質，有下列情形之一者，運作人應立即採取緊急防治措施，並
至遲於一小時內，報知當地主管機關：

一、因洩漏、化學反應或其他突發事故而污染運作場所周界外之環境者。

二、於運送過程中，發生突發事故而有污染環境或危害人體健康之虞者。

前項情形，主管機關除命其採取必要措施外，並得命其停止與該事故有
關之部分或全部運作。

第一項運作人除應於事故發生後，依相關規定負責清理外，並依規定製
作書面調查處理報告，報請當地主管機關備查。

第 二十三 條　主管機關得派員攜帶證明文件，進入公私場所，查核毒性化學物質之運
作、有關物品、場所或命提供有關資料。必要時，得出具收據，抽取毒性
化學物質或有關物品之樣品，實施檢驗，並得暫行封存，由負責人保管。

前項抽取之樣品，應儘速檢驗，並得委託經中央主管機關審查合格之檢
驗測定機構為之，其期間不得超過一個月，但經中央主管機關核准者，不
在此限。

第 二十四 條　依前條查核之毒性化學物質或有關物品，依查核結果，為下列處分：

　　　　　　一、有違反本法規定之情事，依本法規定處罰。其毒性化學物質或有關物
　　　　　　　　品，得沒入後處理之或令運作人限期依廢棄物清理法規定清理之。

　　　　　　二、封存之毒性化學物質或有關物品經認定為廢棄物者，得令運作人限
　　　　　　　　期依廢棄物清理法規定清理之。經認定得改善或改製其他物質者，啟
　　　　　　　　封交還並限期督促改善或改製；逾期未改善或改製者，得沒入後處理
　　　　　　　　之或令運作人限期依廢棄物清理法規定清理之。

　　　　　　三、未違反本法之規定，即予啟封交還。

第 二十五 條　毒性化學物質之污染改善，由各目的事業主管機關輔導之。

第 二十六 條　政府機關或學術機構，運作毒性化學物質，依下列方式之一管理之：

　　　　　　一、由該管中央機關會同中央主管機關另定辦法。

　　　　　　二、由該管中央機關就個別運作事項提出管理方式，經中央主管機關同
　　　　　　　　意者。

第 二十七 條　中央主管機關得依管理需要，公告毒性化學物質運作之最低管制限量。

　　　　　　毒性化學物質之運作，其運作量低於前項限量並報經當地主管機關核可
　　　　　　者，不受第八條、第十一條、第十六條及第十七條規定之限制。

第四章　罰　則

第 二十八 條　違反第五條第二項之限制或禁止規定，或未依第十一條第二項規定取得
　　　　　　許可證而擅自運作，或未依第十一條第三項規定登記備查而擅自運作，
　　　　　　或不遵行主管機關依第二十二條第二項所為之命令，因而致人於死者，
　　　　　　處無期徒刑或七年以上有期徒刑，得併科新臺幣一千萬元以下罰金。致
　　　　　　重傷者，處三年以上十年以下有期徒刑，得併科新臺幣五百萬元以下罰
　　　　　　金。致危害人體健康導致疾病者，處三年以下有期徒刑，得併科新臺幣四
　　　　　　百萬元以下罰金。

第 二十九 條　有下列情形之一者，處三年以下有期徒刑、拘役或科或併科新臺幣五百
　　　　　　萬元以下罰金：

　　　　　　一、違反第五條第二項之限制或禁止規定致嚴重污染環境者。

二、未依第十一條第二項規定取得許可證，擅自運作或未依許可證所列
　　事項運作，致嚴重污染環境者。

三、未依第十一條第三項規定登記備查，擅自運作，致嚴重污染環境者。

四、不遵行主管機關依第二十二條第二項所為之命令者。

五、依本法規定有申報義務，明知為不實之事項而申報不實或於業務上
　　作成之文書為虛偽記載者。

第 三十 條　不遵行主管機關依本法所為停工、停業或歇業之命令者，處一年以下有
　　　　　　期徒刑、拘役或科或併科新臺幣五百萬元以下罰金。

第 三十一 條　法人之負責人、法人或自然人之代理人、受僱人或其他從業人員，因執行
　　　　　　業務犯第二十八條或第二十九條之罪者，除處罰其行為人外，對該法人
　　　　　　或自然人亦科以各該條之罰金。但法人之負責人或自然人對於違反行為
　　　　　　之發生，已盡力防止者，不在此限。

第 三十二 條　有下列情形之一者，處新臺幣一百萬元以上五百萬元以下罰鍰，並令其
　　　　　　限期改善；逾期不改善者，得令其停工或停業；必要時，並得勒令歇業、
　　　　　　撤銷登記或撤銷其許可證：

一、違反第五條第二項之限制或禁止規定者。

二、未依第十一條第二項規定取得許可證而擅自運作者。

三、未依第十二條規定對其運作風險投保第三人責任險者。

四、違反第十七條規定而污染環境者。

五、違反第十八條規定者。

六、違反第二十二條第一項、第二項規定或未依同條第三項規定負責清
　　理者。

七、經主管機關依第二十四條第一款或第二款令其限期清理，逾期不清
　　理者。

第 三十三 條　規避、妨礙或拒絕主管機關依第二十三條第一項之查核、命令、抽樣檢驗
　　　　　　或封存保管者，處新臺幣三十萬元以上一百五十萬元以下罰鍰，並得按
　　　　　　次處罰。

第 三十四 條　有下列情形之一者，處新臺幣十萬元以上五十萬元以下罰鍰，並令其限
　　　　　　期改善；逾期不改善者，得令其停工或停業；必要時，並得勒令歇業、撤
　　　　　　銷登記或撤銷其許可證。
　　　　　　一、依第五條第三項、第六條或第二十二條第三項規定，有報告、紀錄或
　　　　　　　　申報義務，不依規定報告、紀錄或申報者。
　　　　　　二、違反第十一條第三項，未依規定登記備查而擅自運作者。
　　　　　　三、違反第十七條規定者。
　　　　　　四、違反依第二十條所定之辦法者。
　　　　　　五、違反第二十一條規定者。
第 三十五 條　有下列情形之一者，處新臺幣六萬元以上三十萬元以下罰鍰，並令其限
　　　　　　期改善；逾期不改善者，得命其停工或停業；必要時，並得勒令歇業、撤
　　　　　　銷登記或撤銷其許可證。
　　　　　　一、違反第七條之釋放總量管制方式運作者。
　　　　　　二、未依第八條規定提供資料或提送資料不實者。
　　　　　　三、違反第九條第一項規定者。
　　　　　　四、未依第十一條第二項核發許可證所列事項運作者。
　　　　　　五、違反第十五條規定者。
　　　　　　六、違反依第十六條第二項所定之辦法者。
　　　　　　七、違反第二十七條第二項規定未經核可而擅自運作者。
第 三十六 條　本法所定之處罰，在中央由行政院環境保護署為之；在省由環境保護處
　　　　　　為之；在直轄市由環境保護局為之；在縣（市）由縣（市）政府為之。
第 三十七 條　依本法通知限期改善或申報者，其改善或申報期間，除因事實需要且經
　　　　　　中央主管機關核准外，不得超過三十日。
第 三十八 條　依本法所處之罰鍰，經通知限期繳納，逾期仍未繳納者，移送法院強制執
　　　　　　行。

第五章　附　則

第 三十九 條　未經公告為毒性化學物質前已運作者，經中央主管機關公告後，運作人應

　　　　　　　於公告規定期間內，依本法取得許可證或登記備查後，始得繼續為之。

第 四十 條　主管機關對於申請毒性化學物質運作許可之審查、檢驗及核發證照，與
　　　　　　　專業技術管理人員資格之審查及核發證照，得分別收取審查、檢驗及證
　　　　　　　照費。

　　　　　　　前項收費標準，由中央主管機關擬訂，報請行政院核定之。

第 四十一 條　依本法所為之審查、查核及抽樣檢驗，涉及國防或工商機密者，應予保
　　　　　　　密。但有關化學物質之物理、化學、毒理及安全相關資料，不在此限。

第 四十二 條　凡運作人或負責人符合下列條件者，中央主管機關應訂定辦法獎勵之：

　　　　一、連續十年未違反本法規定者。

　　　　二、致力毒性化學物質之預防及設備改善績效卓著者。

　　　　三、發明或改良降低毒性化學物質製造、運送、貯存、使用時所產生危險
　　　　　　或污染之方法，足資推廣者。

第 四十三 條　本法施行細則，由中央主管機關定之。

第 四十四 條　本法自公布日施行。

C5-2　毒性化學物質管理法施行細則

中華民國七十八年八月二日行政院環境保護署
環署法字第二二〇六一號令訂定發布全文三十五條
中華民國八十四年六月三十日行政院環境保護署
環署毒字第三二三八〇號令發布刪除第十五條條文
中華民國八十七年四月八日行政院環境保護署
環署毒字第一七七二七號令修正發布全文二十六條

第　一　條　本細則依毒性化學物質管理法（以下簡稱本法）第四十三條規定訂定之。

第　二　條　本法所稱製造，係指調配、加工、合成或分裝毒性化學物質之行為。但自
　　　　　　行使用時之分裝行為，不在此限。

第　三　條　本法所定中央主管機關之主管事項如下：

　　　　　　全國性毒性化學物質管理政策、方案與計畫之擬訂及執行事項。

　　　　　　全國性毒性化學物質管理相關法規之擬訂、審核及釋示事項。

　　　　　　全國性毒性化學物質管理之督導事項。

　　　　　　省（市）毒性化學物質管理之監督、輔導及核定事項。

　　　　　　涉及有關機關間及二省（市）以上毒性化學物質管理之協調事項。

　　　　　　全國性毒性化學物質管理之研究、發展及執行人員之訓練事項。

　　　　　　毒性化學物質管理之國際合作及科技交流事項。

　　　　　　全國性毒性化學物質管理之宣導事項。

　　　　　　其他有關全國性毒性化學物質之管理事項。

第　四　條　本法所定省主管機關之主管事項如下：

　　　　　　省毒性化學物質管理之實施方案與計畫之規劃及執行事項。

　　　　　　毒性化學物質管理法規之執行與省毒性化學物質管理法規之訂定、釋
　　　　　　示及執行事項。

　　　　　　省毒性化學物質管理之研究發展及宣導事項。

　　　　　　轄區內毒性化學物質運作流布之調查及研判事項。

　　　　　　省毒性化學物質管理之資料統計及彙報事項。

縣（市）毒性化學物質管理之監督、輔導及核定事項。

全省性或縣（市）間毒性化學物質管理之協調或執行事項。

其他有關省毒性化學物質之管理事項。

前項第一款至第五款及第八款之規定，於直轄市準用之。

第　五　條　本法所定縣（市）主管機關之主管事項如下：

縣（市）毒性化學物質管理之實施方案與計畫之規劃及執行事項。

毒性化學物質管理法規之執行與縣（市）毒性化學物質管理規章之訂定、釋示及執行事項。

縣（市）毒性化學物質管理之研究發展及宣導事項。

縣（市）毒性化學物質運作流布之調查及研判事項。

執行毒性化學物質管理調查及統計資料之製作及彙報事項。

縣（市）毒性化學物質管理工作之推行及協調事項。

其他有關縣（市）毒性化學物質之管理事項。

第　六　條　依本法第六條作成之毒性化學物質運作及其釋放量紀錄，其應定期申報者，除主管機關另有規定外，申報方式如下：

每年一月、四月、七月及十月之十日前，檢具毒性化學物質運作紀錄申報表，向當地主管機關申報前三個月運作紀錄。

每年一月十五日前，檢具毒性化學物質釋放量申報表，向當地主管機關申報前一年釋放量紀錄。

第　七　條　製造毒性化學物質依本法第十一條第一項指定為應申請核發許可證之運作行為；其運作人應申請製造場所所在地主管機關核轉，經中央主管機關核發許可證後，始得製造。但經中央主管機關另行公告指定者，不在此限。

依前項規定領有毒性化學物質製造許可證者，其販賣該毒性化學物質之運作行為，得免申請該毒性化學物質販賣許可證；其使用、貯存場所及製造場所均位於當地主管機關同一轄區者，使用、貯存該毒性化學物質之運作行為，得免申請登記備查。

依第一項規定領有毒性化學物質製造許可證者，輸入作為自用原料之毒性化學物質，得免申請毒性化學物質輸入許可證，該輸入作為自用原料之毒性化學物質，非經中央主管機關核准，不得轉讓。

第 八 條 輸入毒性化學物質依本法第十一條第一項指定為應申請核發許可證之運作行為；其運作人應申請當地主管機關核轉，經中央主管機關核發許可證後，始得輸入。但經中央主管機關另行公告指定者，不在此限。

依前項規定領有毒性化學物質輸入許可證者，其販賣該毒性化學物質之運作行為，得免申請該毒性化學物質販賣許可證；其貯存場所位於當地主管機關同一轄區者，貯存該毒性化學物質之運作行為，得免申請登記備查。輸入毒性化學物質者，應逐批申請毒性化學物質運送聯單。

第 九 條 販賣毒性化學物質依本法第十一條第一項指定為應申請核發許可證之運作行為；其運作人應申請縣（市）主管機關核轉省主管機關核發許可證；在直轄市者，應逕向直轄市主管機關申請核發許可證後，始得販賣。但經中央主管機關另行公告指定者，不在此限。

依前項規定領有毒性化學物質販賣許可證，且貯存場所位於當地主管機關同一轄區者，其貯存該毒性化學物質之運作行為，得免申請登記備查。

第 十 條 依本法第十一條第二項規定，申請核發毒性化學物質許可證（以下簡稱許可證）者，應填具申請書，並檢附下列文件或資料：

工廠設立許可證明文件或工廠登記證（非工廠者免附）、公司執照（非公司者免附）及營利事業登記證影本。

負責人之身分證明文件影本。

專業技術管理人員設置核定文件影本（不須設置者免附）。

成分、性能及分析方法說明書。

產品之製造流程說明書（非申請製造許可證者免附）。

管理方法說明書，載明運送、使用、貯存、廢棄與解毒之方法、包裝或容器之回收處理方式、衛生安全防護及緊急防治措施等事項。

標示及物質安全資料表。

　　　　　　　污染防制設備、貯存設備與偵測、警報設備及緊急應變系統之說明書。

　　　　　　　（中央主管機關未規定設置者免附）。

　　　　　　　來源說明書。

　　　　　　　運作場所略圖。

　　　　　　　中央主管機關指定之有關文件或資料。

第 十一 條　許可證應記載下列事項:

　　　　　　　許可證號碼。

　　　　　　　毒性化學物質名稱、成分。

　　　　　　　廠商名稱、地址。

　　　　　　　負責人姓名、住址及身分證明文件字號。

　　　　　　　運作場所名稱、地址。

　　　　　　　許可運作事項。

　　　　　　　許可證發證日期及有效期間。

　　　　　　經核准製造之毒性化學物質，如係以他種毒性化學物質為製造原料者，其製造許可證並應記載該原料之名稱及成分。

　　　　　　許可證應記載事項有變更時，應自事實發生之日起三十日內，向當地主管機關申請變更登記。

第 十二 條　使用、貯存毒性化學物質依本法第十一條第一項指定為應登記備查之運作行為; 其運作人應填具申請書，並檢附下列文件或資料，向當地主管機關登記備查，取得登記備查文件後，始得運作。但依規定得免申請登記備查或經中央主管機關另行公告指定者，不在此限。

　　　　　　　運作人基本資料。

　　　　　　　負責人之身分證明文件影本。

　　　　　　　專業技術管理人員設置核定文件影本。

　　　　　　　主管機關指定之有關文件或資料。

第 十三 條　登記備查文件應記載下列事項:

　　　　　　　登記備查號碼。

毒性化學物質名稱、成分、用途。

運作場所名稱、地址。

運作人名稱、地址。

負責人姓名、住址及身分證明文件字號。

登記備查事項。

登記備查文件核發日期。

登記備查文件應記載事項有變更時，應自事實發生之日起三十日內，向當地主管機關申請變更登記。

第 十四 條　廢棄毒性化學物質依本法第十一條第一項指定為應登記備查之運作行為；其運作人應檢附毒性化學物質廢棄認定聲明書及其明細表，向當地主管機關登記備查，免取得登記備查文件。

第 十五 條　許可證或登記備查文件遺失或毀損時，應自事實發生之日起三十日內，填具申請書，並檢附有關文件或資料，其屬毀損者，並應檢同原證或登記備查文件，向當地主管機關申請補發或換發。

第 十六 條　輸出毒性化學物質，應檢附下列文件或資料，逐批向當地主管機關申請毒性化學物質運送聯單後，始得輸出：

國外買方之訂單或信用狀影本。

輸出時使用之包裝、容器之標示及其說明書。

來源說明書。

第 十七 條　本法第十五條所稱毒性化學物質運作場所及設施，係指毒性化學物質製造、輸入、輸出、販賣、運送、使用、貯存、廢棄之場所及輸送管路或其他設施。

第 十八 條　依本法第十七條規定備有應變器材者，運作人應按毒性化學物質之毒理、物理及化學特性，依物質安全資料表備具必須之緊急應變工具及設備。

第 十九 條　本法第二十二條所定當地主管機關，指事故發生所在地之主管機關。

第 二十 條　本法第二十二條第一項所定緊急防治措施，指下列各款情形：

足以即時控制毒性化學物質大量流布，使其回復常態運作之各項污染

　　防治措施。

　　中止引起事故之部分或全部運作。

　　其他主管機關規定之應變事項。

第 二十一 條　依本法第二十四條第一款及第二款規定沒入之毒性化學物質或有關物品，主管機關應以廢棄、變賣或其他適當方式處理之。

第 二十二 條　本法第二十四條第二款所定得改善或改製其他物質者，應限期由運作人提出其改善或改製計畫書，報經原處分機關核准。

第 二十三 條　本法第二十四條第二款及第三款所定啟封交還，原處分機關應於認定未違反本法規定或核准改善或改製計畫書後七日內為之。

第 二十四 條　本法修正施行前，已領有毒性化學物質許可證、使用核可文件或准予登記備查者，應依中央主管機關公告之期限申請換發許可證或登記備查文件。

第 二十五 條　本法及本細則所定文書格式，由中央主管機關定之。

第 二十六 條　本細則自發布日施行。

C5-3　已公告毒性化學物質一覽表

列管編號 NO	中文名稱 Chinese Name	英文名稱 English Name	化學文摘登記號碼 CAS Number	公告日期 Date	運作管理 製造	輸入	販賣	使用	管制濃度標準 W/W%
001	多氯聯苯	Polychlorinated Biphenyls	1336-36-3	84.05.26 修正公告	x	x	x	△1	0.1
002	可氯丹	Chlordane	57-74-9	77.06.24	x	x	x	x	含有者
003	石綿	Asbestos	1332-21-4	86.02.20 修正公告	v1	v1	v1	△2	1
004	地特靈	Dieldrin	60-57-1	78.05.02	x	x	x	x	含有者
005	滴滴涕	4,4-Dichlorodoiphenyl Trichloroethane (DDT)	50-29-3	78.05.02	x	x	x	x	含有者
006	毒殺芬	Toxaphene	8001-35-2	78.05.02	x	x	x	x	含有者
007	五氯酚	Pentacholorophenol	87-86-5	78.05.02	x	x	x	x	含有者
008	五氯酚鈉	Sodium Pentachlorophehate	131-52-2	78.05.02	x	x	x	x	含有者
009	甲基汞	Methylmercury	22967-92-6	78.05.02	x	x	x	x	含有者
010	安特靈	Endrin	72-20-8	78.05.02	x	x	x	x	含有者
011	飛佈達	Heptachlor	76-44-8	78.05.02	x	x	x	x	含有者
012	蟲必死	Hexachlorocyclohexane	319-84-6 319-85-7	78.05.02	x	x	x	x	含有者

續表C5-3

列管編號 NO	中文名稱 Chinese Name	英文名稱 English Name	化學文摘登記號碼 CAS Number	公告日期 Date	運作管理 製造	輸入	販賣	使用	管制濃度標準 W/W%
			319-86-8 6108-10-7						
013	阿特靈	Aldrin	309-00-2	78.05.02	x	x	x	x	含有者
014	二溴氯丙烷	1, 2-Dibromo-3-Chloro-propane (DBCP)	96-12-8	78.05.02	x	x	x	x	含有者
015	福賜松	Leptophos	21609-90-5	78.05.02	x	x	x	x	含有者
016	克氯苯	Chlorobenzilate	510-15-6	78.05.02	x	x	x	x	含有者
017	護谷	Nitrofen	836-75-5	78.05.02	x	x	x	x	含有者
018	達諾殺	Dinoseb	88-85-7	78.05.02	x	x	x	x	含有者
019	靈丹	Lindane (r-BHC, or r-HCH)	58-89-9	78.05.02	△3	△3	△3	△3	含有者
022	汞	Mercury	7439-97-6	80.12.07	v	v	v	v	純物質
023	五氯硝苯	Pentachloronitrobenzene	82-68-8	80.12.07	x	x	x	x	含有者
024	亞拉生長素	Daminozide	1596-84-5	80.12.07	x	x	x	x	含有者
025	氰乃淨	Cyanazine	21725-46-2	80.12.07	x	x	x	x	含有者
026	樂乃松	Fenchlorphos	299-84-3	80.12.07	x	x	x	x	含有者
027	四氯丹	Captafol	2425-06-1	80.12.07	x	x	x	x	含有者
028	蓋普丹	Captan	133-06-2	80.12.07	x	x	x	x	含有者

續表C5-3

列管編號 NO	中文名稱 Chinese Name	英文名稱 English Name	化學文摘登記號碼 CAS Number	公告日期 Date	運作管理 製造	運作管理 輸入	運作管理 販賣	運作管理 使用	管制濃度標準 W/W%
029	福爾培	Folpetl	133-07-38	80.12.07	x	x	x	x	含有者
030	錫瑪丹	Cyhexatinl	13121-70-5	80.12.07	x	x	x	x	含有者
031	α-氰溴甲苯	α-Bromobenzyl Cyanide	5798-79-8	85.12.23 修正公告	x	x	x	x	1
032	二氯甲基醚	Bis-Chloromehyl Ether	542-88-1	85.12.23 修正公告	x	x	x	x	1
033	對-硝基聯苯	p-Nitrobiphenyl	92-93-3	85.12.23 修正公告	x	x	x	x	1
034	對-胺基聯苯 對-胺基聯苯鹽酸鹽	p-Aminobiphenyl p-Aminobiphenyl Hydrochloride	92-67-1 2113-61-3	85.12.23 修正公告	x	x	x	x	1
035	2-萘胺 2-萘胺醋酸鹽 2-萘胺鹽酸鹽	2-Napththylamine 2-Naphthylamine Acetate 2-Naphthylamine Hydrochloride	91-59-8 553-00-4 612-52-2	85.12.23 修正公告	x	x	x	x	1
036	聯苯胺 聯苯胺醋酸鹽 聯苯胺硫酸鹽	Benzidine Benzidine Acetate Benzidine Sulfate	92-87-5 36341-27-2 531-86-2	85.12.23 修正公告	x	x	x	x	1

續表 C5-3

列管編號 NO	中文名稱 Chinese Name	英文名稱 English Name	化學文摘登記號碼 CAS Number	公告日期 Date	製造	輸入	販賣	使用	管制濃度標準 W/W%
	聯苯胺二鹽酸鹽	Benzidine Dihydro Chloride	531-85-1						
	聯苯胺二氫氟酸鹽	Benzidine Dihydro Fluoride	238668-12-1						
	聯苯胺過氯酸鹽	Benzidine Perchlorate	238668-12-1						
	聯苯胺二過氯酸鹽	Benzidine Diperchlorate	41195-21-5						
037	鎘	Cadmium	7440-43-9	85.12.23 修正公告	v	v	v	v	1
	氧化鎘	Cadmium Oxide	1306-19-0						
	碳酸鎘	Cadmium Carbonate	513-78-0						
	硫化鎘	Cadmium Sulfide	1306-23-6						
	硫酸鎘	Cadmium Sulfate	10124-36-4						
	硝酸鎘	Cadmium Nitrate	10325-94-7						
	氯化鎘	Cadmium Chloride	10108-64-2						
038	苯胺	Aniline	62-53-3	85.12.23 修正公告	v	v	v	v	1
039	鄰-甲苯胺	o-Aminotoluene	95-53-4	85.12.23 修正公告	v	v	v	v	1
	間-甲苯胺	m-Aminotoluene	108-44-1						
	對-甲苯胺	p-Aminotoluene	106-49-0						

續表C5-3

列管編號 NO	中文名稱 Chinese Name	英文名稱 English Name	化學文摘登記號碼 CAS Number	公告日期 Date	運作管理 製造	輸入	販賣	使用	管制濃度標準 W/W%
040	1-奈胺	1-Naphthylamine	134-32-7	85.12.23 修正公告	∨	∨	∨	∨	1
041	二甲氧基聯苯胺	3,3'-Dimethoxybenzidine	119-90-4	85.12.23 修正公告	∨	∨	∨	∨	1
042	二氯聯苯胺	3,3'-Dichlorobenzidine	91-94-1	85.12.23 修正公告	∨	∨	∨	∨	1
043	鄰-二甲基聯苯胺	3,3'-Dimethyl-[1,1'-biphenyl]-4,4'-diamine	119-93-7	85.12.23 修正公告	∨	∨	∨	∨	1
044	三氧甲苯	Trichloromethyl Benzene	98-07-7	85.12.23 修正公告	∨	∨	∨	∨	1
045	三氧化二砷	Arsenic Trioxide	1327-53-3	85.12.23 修正公告	∨	∨	∨	∨	1
046	氰化鈉 氰化鉀 氰化銀 氰化亞銅 氰化鉀銅 氰化鎘	Sodium Cyanide Potassium Cyanide Silver Cyanide Copper (I) Cyanide Copper (I) Potassium Cyanide Cadmium	143-33-9 151-50-8 506-64-9 544-92-3 13682-73-0 542-83-6	85.12.23 修正公告		∨	∨	∨	1

續表C5-3

列管編號 NO	中文名稱 Chinese Name	英文名稱 English Name	化學文摘登記號碼 CAS Number	公告日期 Date	製造	輸入	販賣	使用	管制濃度標準 W/W%
	氰化鋅	Cyanide Zinc Cyanide	357-21-1						
	氰化銅	Copper (II) Cyanide	14763-77-0						
	氰化銅鈉	Copper Sodium Cyanide	14264-31-4	82.12.24					
047	光氣	Phosgene	75-44-5	85.12.23 修正公告	✓	✓	✓	✓	1*
048	異氰酸甲酯	Methyl Isocyanate	624-83-9	85.12.23 修正公告	✓	✓	✓	✓	1*
049	氯	Chlorine	7782-50-5	85.12.23 修正公告	✓	✓	✓	✓	1*
050	丙烯醯胺	Arcylamide	79-06-1	82.12.24	✓	✓	✓	✓	50
051	丙烯腈	Acrylonitrile	107-13-1	82.12.24	✓	✓	✓	✓	50
052	苯	Benzene	71-43-2	82.12.24	✓	✓	✓	✓	70
053	四氯化碳	Carbon Tetrachloride	56-23-5	82.12.24	✓	✓	✓	✓	50
054	三氯甲烷	Chloroform	67-66-3	80.12.24	✓	✓	✓	✓	50
055	三氧化鉻	Chromium(VI) Trioxide	1333-82-0	85.05.31 修正公告	✓	✓	✓	✓	1
	重鉻酸鉀	Potassium Dichromate	7778-50-9						
	重鉻酸鈉	Sodium Dichromate, Dihydrate	7789-12-0						

續表C5-3

列管編號 NO	中文名稱 Chinese Name	英文名稱 English Name	化學文摘登記碼 CAS Number	公告日期 Date	運作管理				管制濃度標準 W/W%
					製造	輸入	販賣	使用	
	重鉻酸鈉	Sodium Dichromate	10588-01-9	85.05.31					
	重鉻酸銨	Ammonium Dichromate	7789-09-5						
	重鉻酸鈣	Calcium Dichromate	14307-33-6						
	重鉻酸銅	Cupric Dichromate	13675-47-3						
	重鉻酸鋰	Lithium Dichromate	13843-81-7						
	重鉻酸汞	Mercuric Dichromate	7789-10-8						
	重鉻酸鋅	Zinc Dichromate	14018-95-2						
	鉻酸銨	Ammonium Chromate	7788-98-9						
	鉻酸鋇	Barium Chromate	10294-40-3						
	鉻酸鈣	Calcium Chromate	13765-19-0						
	鉻酸銅	Cupric Chromate	13548-42-0						
	鉻酸鐵	Ferric Chromate	10294-52-7						
	鉻酸鉛	Lead Chromate	7758-97-6						
	鉻酸氧鉛	Lead Chromate Oxide	18454-12-1						
	鉻酸鋰	Lithium Chromate	14307-35-8						
	鉻酸鉀	Potassium Chromate	7789-00-6						
	鉻酸銀	Silver Chromate	7784-01-2						

續表C5-3

列管編號 NO	中文名稱 Chinese Name	英文名稱 English Name	化學文摘登記號碼 CAS Number	公告日期 Date	運作管理 製造	運作管理 輸入	運作管理 販賣	運作管理 使用	管制濃度標準 W/W%
056	鉻酸鈉	Sodium Chromate	7775-11-3						
	鉻酸錫	Stannic Chromate	38455-77-5						
	鉻酸鍶	Strontium Chromate	7789-06-2						
	鉻酸鋅（鉻酸鋅氫氧化鉻）	Zinc Chromate(Zinc Chromate Hydroxide)	13530-65-9						
	六羰化鉻	Chromium Carbonyl	13007-92-6						
	2,4,6-三氯酚	2,4,6-Trichlorophenol	88-06-2	82.12.24	v	v	v	v	1
	2,4,5-三氯酚	2,4,5-Trichlorophenol	95-95-4		x	x	x1	x1	
057	氯甲基甲基醚	Chloromethyl Methyl Ether	107-30-2	82.12.24	x	x	x1	x1	1
058	六氯苯	Hexachlorobenzene	118-74-1	82.12.24	x	x	x1	x1	1
059	次硫化鎳	Trinickel Disulfide	12035-72-2	86.04.25	x	x	x	x	1
060	三溴乙烷（二溴乙烯）	Ethylene Dibromide	106-93-4	86.04.25	v	v	v	v	10
061	環氧乙烷	Ethylene Oxide	75-21-8	86.04.25	v	v	v	v	1
062	1,3-丁二烯	1,3-Butadiene	106-99-0	86.10.06	v	v	v	v	50
063	四氯乙烯	Tetrachloroethylene	127-18-4	86.10.06	v	v	v	v	10
064	三氯乙烯	Trichloroethylene	79-01-6	86.10.06	v	v	v	v	10

續表C5-3

列管編號 NO	中文名稱 Chinese Name	英文名稱 English Name	化學文摘登記號碼 CAS Number	公告日期 Date	運作管理 製造	輸入	販賣	使用	管制濃度標準 W/W%
065	氯乙烯	Vinyl Chloride	75-01-4	86.10.06	v	v	v	v	50
066	甲醛	Formaldehyde	50-00-0	86.10.06	v	v	v	v	25

備註:「x」表示禁止;「v」表示許可;「△」表示限制。

△1:食品業禁用,其餘業別除試驗研究外,八十九年十二月三十一日禁止使用,停止使用者立即廢棄。

v1:禁止製造、輸入、販賣者,教育研究者除外。

△2:除試驗、研究、教育者外,禁止使用青石棉(Crocidolite)及褐石綿(Amosite);禁用於新換裝之飲用水管及其配件,已使用中之水管及水管配件得繼續使用至報廢為止。

△3:除醫藥用途外,禁止使用於其他用途。

x1:八十三年十二月三十一日後禁止販賣及使用。

*:氯以體積百分率(V/V)表示。

含有者:例一「可氯丹」表示含可氯丹成份之化學製劑、工業級原料或添加可氯丹之化學物質。

例二「五氯硝苯」表示五氯硝苯、添加五氯硝苯之化學物質或含五氯硝苯成份之化學物質。

C5–4　學術機構毒性化學物質管理辦法

中華民國八十八年二月二十四日

教育部台 (88) 參字第八八〇一六六三八號令會銜訂定發布

環保署 (88) 環署毒字第〇〇〇三〇八九號

條　文	說　明
第一條　本辦法依毒性化學物質管理法（以下簡稱本法）第二十六條第一款規定訂定之。	一、學術機構運作毒性化學物質之特性為量少樣多且多為學術研究之用，為預防其因運作毒性化學物質而危害人體健康及污染周遭環境，乃訂定本辦法。 二、毒性化學物質管理法第二十六條第一款內容為：「政府機關或學術機構，運作毒性化學物質，由該管中央機關會同中央主管機關另定辦法。」
第二條　本辦法所稱學術機構，係指各級公私立學校、教育部主管之社會教育機構及學術研究機構。但軍警學校，不在此限。	一、定義「學術機構」之意義為各級公私立學校及教育部主管之社會教育機構與學術研究機構。 二、軍警學校依各該主管機關之規定辦理。
第三條　學術機構之任務如下： 一、毒性化學物質管理規定之訂定與實施。 二、依規定訂定毒性化學物質危害預防及應變計畫。 三、所屬單位運作毒性化學物質之核轉。 四、毒性化學物質運作紀錄之彙整及定期申報。	學術機構應依其個別狀況，執行下列事宜： 一、擬定與實施學術機構內部之毒性化學物質運作管理規定。 二、依規定就其個別狀況，擬訂適當之危害預防及應變計畫。 三、審核運作單位毒性化學物質之運作，並轉送當地主管機關申請許可證、登記備查或核可。 四、彙整學術機構內之運作紀錄，並定期向有關單位申報。
第四條　學術機構應設立毒性化學物質運作管理委員會（以下簡稱委員會），置委員五人至七人，其中至少三人應具備下列專長或技術： 一、毒性化學物質毒理專長。 二、毒性化學物質運作技術。 三、毒性化學物質管理專長。 前項委員會之組成及運作由學術機構定之。	一、學術機構設立具有研究、審核性質之委員會，以協助學術機構內毒性化學物質之正常運作。 二、訂定委員會委員之資格，明定委員會應有毒理、運作或管理專長，使此委員會能充份發揮其審核及督導學術機構內毒性化學物質運作之效能，並能與當地主管機關充分溝通以做好毒性化學物質運作之管理。
第五條　學術機構應於本辦法發布施行之日起六個月內，將運作毒性化學物質之單位，報請當地主管機關備查；單位變動時亦同。	將毒性化學物質運作單位之名單報請當地主管機關備查，以利其管理或稽查學術機構毒性化學物質運作之情形。

條　文	說　明
第六條 學術機構製造、輸入毒性化學物質，應先經委員會審議通過後，由學術機構向主管機關申請審查，核發許可證或核可，並副知各該主管教育行政機關。 學術機構使用、貯存、廢棄毒性化學物質，應先經委員會同意後，由學術機構報請主管機關登記備查或核可，並副知各該主管教育行政機關。 前項貯存，得貯存於運作單位內。 學術機構除依本法第十八條規定外，不得將毒性化學物質販賣或轉讓他人。	一、運作行為中製造、輸入需取得許可證後始得運作，使用、貯存、廢棄等則需取得登記備查或核可後始得運作。 二、毒性化學物質之運作，其運作量低於最低管制限量並報經當地主管機關核可，即不需取得許可證或登記備查就可運作。（本法第二十七條） 三、學術機構內具有諮詢、研究、審核性質之委員會應先行審核學術機構內毒性化學物質之運作行為，並與當地主管機關溝通，以有效協助運作單位順利完成毒性化學物質運作之相關事宜。 四、經委員會同意及當地主管機關登記備查或核可後之毒性化學物質得貯存於運作單位內，不受其他毒性化學物質貯存場所相關規定之限制（如未來將擬定的「毒性化學物質運作許可作業要點及毒性化學物質登記備查作業要點」等）。
第七條 毒性化學物質之容器、包裝或其運作場所及設施，應於易取得之處，置備物質安全資料表，並依下列規定標示： 一、在明顯易見處標示危險物與有害物通識規則規定之圖示，其形狀為直立四十五度角之正方形（菱形）其最小尺寸長寬各為十公分大小。其屬小型容器者，得依比例縮小至能辨識清楚為止。 二、在明顯易見處標示該毒性化學物質之名稱、主要危害成份、危害警告訊息、危害防範措施（含污染防制措施）及廠商資料等內容。 前項標示應易於辨認及閱讀，並應包括中文說明。	一、明定毒性化學物質之容器、包裝、運作場所及設施等之標示及圖示。 二、圖示係依「危險物與有害物通識規則」規定。 三、標示內容類似「危險物與有害物通識規則」之標示內容均含有㈠名稱、㈡主要危害成份、㈢危害警告訊息、㈣危害防範措施、及㈤廠商資料等五個事項，只是在「危害防範措施」事項內需含污染防制措施。 四、本條文規定運作場所之標示及圖示，而「危險物與有害物通識規則」並無此類似規定。 五、依本辦法規定，毒性化學物質之容器、包裝或其運作場所及設施等，皆須以中文標示，前項標示應易於辨認及閱讀。
第八條 學術機構毒性化學物質運作量等於或高於最低管制限量時，應依本法第十六條之規定設置專業技術管理人員。 前項之最低管制限量依行政院環境保護署之公告。	一、毒性化學物質管理人員之設置，係在運作量高於最低管制限量時，依本法第十六條之規定，應設置具備環保署認可之毒性化學物質專業技術管理人員。 二、最低管制限量依本法第二十七條辦理。

條　文	說　明
本辦法發布前已運作之學術機構，應依第一項規定，於八十八年十二月三十一日前完成專業技術管理人員之設置。	三、依施行細則規定，運作單位應於八十八年四月三十日前完成專業技術管理人員之設置，為免學校來不及於規定時間內派員取得證照，增列第三項過渡時期規定，於八十八年十二月三十一日完成專業技術管理人員之設置。
第九條　學術機構應於每年五月一日前，向當地主管機關申報前一年之運作紀錄，並副知各該主管教育行政機關。 學術機構應保存前項紀錄至少三年。	一、學術機構需每年定期向當地主管機關申報前一年之運作紀錄，並副知各該主管教育行政機關，時間為五月一日，約介於期中考與期末考之間，便於學校行政作業。 二、保存運作紀錄三年，以供未來需要時之參考。
第十條　高級中等以下學校運作毒性化學物質，免依第四條設立委員會，亦不受第六條第一項委員會審議及第二項委員會同意之限制。	高級中等以下學校，其學校行政組織結構及毒性化學物質之運作均非常的單純，與一般大專校院等學術機構相去甚遠，故高級中等以下學校免設置委員會及運作毒性化學物質不受委員會審議及同意之限。
第十一條　學術機構運作毒性化學物質除本辦法之規定外，應依本法相關規定辦理。	所稱依本法相關規定辦理，係指有關毒性化學物質運作事故預防及應變、停止運作及運送管理等，應依本法第十七條、第十八條、第二十條及第二十二條規定辦理。
第十二條　本辦法自發布日施行。	明定本辦法施行日期。

C6-1 機械器具防護標準

行政院勞工委員會八十一年七月二十七日
臺八十一勞安二字第二三一六六號令發布

第一章　總　則

第　一　條　本標準依勞工安全衛生法（以下簡稱本法）第六條之規定訂定之。

第　二　條　雇主設置本法施行細則第九條所定之機械、器具防護性能，不得低於本標準之規定。

第　三　條　依本標準所定機械、器具之防護標準，中央主管機關得指定適當型式檢定機構（以下簡稱檢定機構）於使用前實施型式檢定。

第　四　條　前條型式檢定之程序，依下列規定：

一、由申請人就受型式檢定之機械、器具檢具與本標準相關部分之圖面、性能及結構說明書等書面文件向檢定機構提出申請。

二、檢定機構受理申請後，應檢定及為其他必要之測試。

三、經檢定確認符合本標準規定者，應將合格之標識（銘板）張貼於該機械或器具並發給證明書；不符合本標準規定者，應以書面說明其理由退還申請人。

第　五　條　前條之檢定，檢定機構認有必要時，得通知申請人提出實物或其他為檢定所必要之文件或物件。

第　六　條　國外輸入之機械、器具，得由中央主管機關指定檢定機構檢定。

前項機械、器具之製造國檢定標準在本標準以上且經檢定合格者於檢定機構確認後，得免除第四條第二款之檢定。

第　七　條　型式檢定之必要費用，由申請人與檢定機構以契約定之。

第二章　衝剪機械之防護標準

第　八　條　本法施行細則第九條第一款衝剪機械之防護標準，依本章之規定。但手動式衝剪機械不在此限。

第　九　條　衝剪機械應設安全護圍等設備，其性能以不使勞工身體之一部介入滑塊

或刃物動作範圍之危險界限為度。但設有使滑塊或刃物不致危及勞工之設備者，不在此限。

作業上設置前項安全護圍等設備有困難時，應設安全裝置。但適於下列規定之一者不在此限：

一、一手使用專用手工具，而另一手需以防護措施保護者。

二、以雙手使用專用手工具從事工作物之放置或取出成品者。

第 十 條　前條衝剪機械具有下列切換開關之一者，不論在任何切換狀態，均應有符合前條之規定之安全設備：

一、具有連續行程、一行程、安全一行程或寸動行程等之行程切換開關。

二、雙手操作更換為單手操作時或將雙手操作更換為腳踏式之操作切換開關。

三、將複數操作台更換為單數操作台時之操作台數之切換開關。

四、安全裝置之動作置於「開」、「關」用之安全裝置切換開關。

第 十一 條　安全護圍等之性能，應符合下列規定：

一、安全護圍能使勞工之手指不致通過該護圍或自外側觸及危險界限者。

二、安全模，在上死點之上模與下模（使用脫料板者，係指在上死點之上模與下模脫料板）之間隙及導柱與軸襯間之間隙在八公厘以下。

三、特定用途之專用衝剪機械，具有不致使勞工之身體介入危險界限之構造。

四、自動衝剪機械，具有可自動輸送材料、加工及排出成品之構造。

第 十二 條　安全裝置應具有下列機能之一：

一、防護式安全裝置：滑塊、刃物或撞錘（以下簡稱滑塊等）在動作中，能使勞工身體不致介入危險界限之虞。

二、雙手操作式安全裝置：在手指自按下起動按鈕或操作控制桿（以下簡稱按鈕等），脫手後至該手達到危險界限前，能使滑塊等停止動作（安全一行程式安全裝置）。又，以雙手操作按鈕等，於滑塊等動作中，手離開按鈕等時使手無法達到危險界限（雙手起動式安全裝

置）。

三、感應式安全裝置：滑塊等在動作中，遇身體之一部接近危險界限時，
能使滑塊等停止動作。

四、拉開式或掃除式安全裝置：遇身體之一部介入危險界限時，能隨著滑
塊之動作使其脫離危險界限。

第 十三 條 雙手操作式安全裝置及感應式安全裝置應符合下列規定：

一、具有適應各該衝剪機械之種類、衝剪能力、每分鐘行程數、行程長度
及作業方法之性能。

二、具有適應該衝剪機械之停止性能。

第 十四 條 前條第二款規定之停止性能，係指各該雙手操作式安全裝置及感應式安
全裝置之固有遲動時間等，應具有下列之性能之一：

一、 D＞1.6 (Tl + Ts)

式中

D ： 對安全一行程用雙手操作式安全裝置者，為按鈕等與危險界限間之
距離；感應式安全裝置者，為感應域與危險界限間之距離，兩者均
以公厘表示。

Tl ： 對安全一行程用雙手操作式安全裝置者，為手指離開按鈕等時至緊
急停止機構開始動作之時間；感應式安全裝置者，為手指介入感應
域時至緊急停止機構開始動作之時間，兩者均以毫秒表示。

Ts ： 緊急停止機構開始動作時至滑塊停止時之時間，以毫秒表示。

二、 D＞1.6Tm

式中

D ： 雙手起動式安全裝置者為自按鈕等至危險界限間之距離，以公厘表
示。

Tm： 手指離開按鈕等至滑塊抵達下死點時之最大時間，以毫秒表示。

$$Tm = (1/2 + \frac{1}{離合器之囓合處之數目}) \times 曲柄軸旋轉壹週所需時間$$

第 十五 條　第十三條之感應式安全裝置，應為光電式安全裝置或具有同等性能以上
　　　　　之安全裝置。

第 十六 條　安全裝置應符合下列規定：

一、本體、連接環、構材及控制桿等主要機械零件具有充分之強度。

二、配件：

　　㈠材料符合中國國家標準三八二八「機械構造用碳鋼鋼料」規定之
　　　(s45c)規格鋼材，或具有同等以上機械性能。

　　㈡相關部之表面實施淬火或回火，且其硬度值為洛氏 C 硬度值四十
　　　五以上五十以下。

三、鋼索：

　　㈠依中國國家標準一〇〇〇〇「機械控制用鋼纜」規定之規格，或具
　　　有同等以上機械性能。

　　㈡滑塊、控制桿等使用之線夾、夾鉗等緊結具，確實安裝。

四、螺栓、螺帽等，有因鬆弛致該安全裝置發生誤動作或配件有脫落之虞
　　者，具有防止鬆脫之措施；絞鏈部所使用之銷等，具有防止脫落之措
　　施。

五、繼電器、極限開關及其他主要電氣零件，有充分之強度及耐久性，以
　　確保該安全裝置之機能。

六、具有電氣回路者，設有顯示該安全裝置之動作、繼電器開閉不良及其
　　他電氣回路故障之指示燈。

七、繼電器、晶體等電氣零件安裝部分，具有防震措施。

八、電氣回路，於遇該安全裝置之繼電器、極限開關等電氣零件故障或停
　　電時，具有使滑塊等不致發生意外動作之性能。

九、操作用電氣回路之電壓，在一百五十伏特以下。

十、外部電線，應依中國國家標準六五五六「600V 聚氯乙烯絕緣及被覆
　　輕便電纜」規定，或具有同等以上絕緣效力、耐油性、強度及耐久性
　　者。

十一、切換開關:

　　㈠按鍵切換方式者，具有使該鍵分別選取切換位置之裝置。

　　㈡具有確實保持各自切換位置之裝置。

　　㈢在各自之切換位置，安全裝置之狀態應有明顯之標示。

第　十七　條　防護式安全裝置應符合下列規定:

一、除寸動時外，具有防護裝置未閉合前，滑塊無法動作之構造，及於滑塊動作中其防護裝置無法開啟之構造。

二、滑塊動作用極限開關，具有防止身體、材料及其他防護裝置以外物件接觸之措施。

第　十八　條　雙手操作式安全裝置應符合下列規定:

一、具有一行程一停止機構（安全一行程式安全裝置）。但具有一行程一停止機構之衝剪機械所使用之雙手操作式安全裝置（雙手起動式安全裝置），不在此限。

二、安全一行程式安全裝置在滑塊等動作中，當手離開按鈕等，有達到危險界限之虞時，有使滑塊等停止動作之構造。

三、雙手起動式安全裝置在勞工之手指自按下起動按鈕脫手後至該手抵達危險界限前，該滑塊可達下死點之構造。

四、具有雙手不同時操作按鈕等時滑塊等無法動作之構造。

五、具有雙手未離開一行程按鈕等無法再起動操作之構造。

六、其一按鈕之外側與其他按鈕等之外側，至少距離三百公厘以上。

七、按鈕採用按鈕盒安裝時，該按鈕不得凸出按鈕盒表面。

第　十九　條　光電式安全裝置應符合下列規定:

一、具有身體之一部將光線遮斷時能使滑塊等停止動作之構造。

二、投光器及受光器須能跨越在滑塊調節量及行程長度之合計長度（簡稱防護高度，其長度超過四百公厘時，視為四百公厘）之全長中有效之動作。

三、投光器及受光器之光軸數須為二個以上，且光軸相互間隔為五十公

厘（光軸所含鉛直面和危險界限之水平距離超過五百公厘之投光器及受光器，其光軸相互間隔得為七十公厘）以下。

四、投光器及受光器之光軸，從衝剪機械之桌面起算之高度，須為該光軸所含鉛直面和危險界限水平距離之〇‧六七倍（此值超過一百八十公厘時視為一百八十公厘）以下。

五、投光器及受光器，其光軸所含鉛直面和危險界限之水平距離超過二百七十公厘時，該光軸及刃物間須設有一個以上之光軸。

六、投光器不使用白熱燈泡時，須具有受光器除接受自投光器照射之光線外不受其他光線感應之構造。投光器如使用白熱燈泡時，在離開光軸五十公厘以上位置，以電壓一百一十伏特及消費電力在一百瓦特之一般照明用燈泡照射時，須具有不受該一般照明用燈泡感應之構造。

第 二十 條 拉開式安全裝置應符合下列規定：

一、設有牽引帶者，其牽引量須能夠調節，且牽引量為盤床深度二分之一以上。

二、牽引帶之材料為合成纖維；其直徑為四公厘以上；且其切斷荷重在已安裝調節配件為一百五十公斤以上。

三、肘節傳送帶之材料為皮革等材料；且其牽引帶之連接部能耐五十公斤以上之靜荷重。

第 二十一 條 掃除式安全裝置應符合下列規定：

一、具有掃臂長度及振幅能夠調節之構造。

二、掃臂須設置當滑塊動作中能確保手部安全之防護板；防護板寬度為金屬模寬度二分之一（金屬模之寬度在二百公厘以下之衝剪機械使用之防護板為一百公厘）以上，且高度在行程長度（行程超過三百公厘之衝剪機械使用之防護板為三百公厘）以上；掃臂之振幅，為金屬模寬度以上。

三、掃臂及防護板須具有與手部等接觸時能緩和衝擊之措施。

第三章　手推刨床之防護標準

第 二十二 條　本法施行細則第九條第二款手推刨床之防護標準，依本章之規定。

第 二十三 條　攜帶用以外之手推刨床，應設下列規定之刃部接觸預防裝置。但經檢查
　　　　　　機構認可具有同等以上性能者，得免適用其之一部或全部：

　　　　一、覆蓋應遮蓋刨削工材以外部分。

　　　　二、應具不產生撓曲、扭曲等變形之強度。

　　　　三、可動式接觸預防裝置（係指該覆蓋可隨加工閉之進給自動開閉刃部
　　　　　　之接觸預防裝置）之鉸鏈部分之螺栓、插銷等，應施予防脫措施。

　　　　四、除於將多數加工材固定其刨削寬度從事刨削時以外，所使用之刃部
　　　　　　接觸預防裝置（除直角刨削用手推刨床型刀軸之刃部接觸預防裝置
　　　　　　外），應使用可動式接觸預防裝置。

　　　　　　單相串激電動機裝置之安裝，應使其覆蓋下方與加工材之進給側平台面
　　　　　　間之間隙在八公厘以下。

第 二十四 條　手推刨床應設有遮斷動力時可使旋轉中刀軸停止之制動器。但遮斷動力
　　　　　　時，可使其於十秒鐘內停止刀軸旋轉，或使用單相串激電動機之攜帶用
　　　　　　手推刨床，不在此限。

第 二十五 條　手推刨床應設可固定刀軸之裝置。

第 二十六 條　手推刨床應設有勞工於不離開其作業位置，即可操作之動力遮斷裝置；
　　　　　　動力遮斷裝置應易於操作，且為不因意外接觸、振動等，致使手推刨床有
　　　　　　意外起動之虞之構造。

第 二十七 條　手推刨床（除攜帶用者外）之加工材進給側平台，應具有可調整與刃部前
　　　　　　端之間隙在三公厘以下之構造。

第 二十八 條　刀軸（除刨削所必要之部分外）、帶輪或皮帶等旋轉部分，於旋轉中有接
　　　　　　觸致生危險之虞者，應設有覆蓋。

第 二十九 條　手推刨床之刃部，應使用下列規定之材料或具有同等以上機械性質者：

　　　　一、刀刃：符合中國國家標準二九○四「高速工具鋼鋼料」規定之 SKH2
　　　　　　之鋼料。

二、刀身：符合中國國家標準二四七三「一般結構用軋鋼料」或中國國家標準三八二八「機械構造用碳鋼鋼料」規定之鋼料。

第 三十 條　手推刨床之刃部，應依下列方法安裝於刀軸：

一、中國國家標準四八一三「木工機械用平刨刀」規定之 A 型（厚刀）刃部，至少取其安裝孔之一個為承窩孔之方法。

二、中國國家標準四八一三「木工機械用平刨刀」規定之 B 型（薄刀）刃部，其刀軸之安裝隙槽或壓刃板之斷面，使之成為尖劈形或類此之方法。

第 三十一 條　手推刨床之刀軸，應採用圓胴。

第四章　木材加工用圓盤鋸之防護標準

第 三十二 條　本法施行細則第九條第三款木材加工用圓盤鋸（以下簡稱圓盤鋸）之防護標準，依本章之規定。

第 三十三 條　圓盤鋸之材料、安裝方法、緣盤應分別符合下列規定：

一、材料：對應下表左欄所列圓鋸片種類及同表中欄所列圓鋸片構成部分，分別符合同表右欄所定材料或具同等以上機械性質者。

圓鋸片種類	圓 鋸 片構成部份	材　　料
超硬圓鋸片	鋸　齒	
	本　　體	符合中國國家標準二九六四「碳工具鋼鋼料」所定五號或六號之鋼料。
超硬圓鋸片以外之圓鋸片		符合中國國家標準二九六四「碳工具鋼鋼料」所定五號或六號之鋼料。

二、安裝方法：

㈠使用第三款規定之緣盤。但多片圓盤鋸或複式圓盤鋸等圓盤鋸於使用專用安裝配具時，不在此限。

㈡固定側緣盤以收縮配合、壓入等方法或使用銷、螺栓等方式固定於圓鋸軸。

㈢圓鋸軸之夾緊螺栓，應為不可任意旋動者。

㈣使用於緣盤之固定用螺栓、螺帽等施有防鬆措施，以防止制動器

制動引起鬆動。

三、圓盤鋸之緣盤:

　　㈠使用具有中國國家標準二四七二「灰口鐵鑄件」所定二號鑄鐵品

　　　之抗拉強度之材料，且無變形者。

　　㈡緣盤之直徑在固定側與移動側均應等值。

第 三十四 條　圓盤鋸應設下列預防裝置:

一、木材加工用圓盤鋸反撥預防裝置（以下簡稱反撥預防裝置），但橫鋸

　　用圓盤鋸或因反撥不致危害勞工者，不在此限。

二、木材加工用圓盤鋸鋸齒接觸預防裝置（以下簡稱鋸齒接觸預防裝置），

　　但製材用圓盤鋸及設有自動輸送裝置者，不在此限。

第 三十五 條　反撥預防裝置之撐縫片（以下簡稱撐縫片）及鋸齒接觸預防裝置之安裝，

　　　　　　　應符合下列規定:

一、撐縫片及鋸齒接觸預防裝置經常使包含其縱斷面之縱向中心線而和

　　其側面平行之面，與包含圓鋸片縱斷面之縱向中心線而和其側面平

　　行之面，於同一平面上。

二、木材加工用圓盤鋸，使撐縫片與其面對之圓鋸片鋸齒前端之間隙在

　　十二公厘以下。

第 三十六 條　除下列圓盤鋸外，圓盤鋸應設有遮斷動力時可使旋轉中圓鋸軸停止之制

　　　　　　　動器:

一、圓盤鋸於遮斷動力時，可於十秒內停止圓鋸軸旋轉者。

二、攜帶用圓盤鋸使用單相串激電動機者。

三、設有自動輸送裝置之圓盤鋸，其本體內內藏圓鋸片或其他不因接觸

　　致引起危險之虞者。

四、製榫機及多軸製榫機。

第 三十七 條　圓盤鋸應設可固定圓鋸軸之裝置，以防止更換圓鋸片時，因圓鋸軸之旋

　　　　　　　轉引起之危害。

第 三十八 條　圓盤鋸之動力遮斷裝置，應符合下列規定:

一、於操作勞工不離開其作業位置，即可操作之處，設動力遮斷裝置。

二、動力遮斷裝置易於操作，且為不因意外接觸、振動等，致使圓盤鋸有意外起動之虞之構造。

第 三十九 條　圓盤鋸之圓鋸片（除鋸切所必要之部分外）、齒輪、帶輪、皮帶等旋轉部分，於旋轉中有接觸致生危險之虞者，應設有覆蓋。

第 四十 條　傾斜式萬能圓盤鋸之鋸台傾斜裝置，應為螺旋式或不致使鋸台意外傾斜之構造。

第 四十一 條　攜帶式圓盤鋸應設平板；其加工材鋸切側平板之外側端與圓鋸片鋸齒之距離，應在十二公厘以上。

第 四十二 條　撐縫片應符合下列規定：

一、材料：符合中國國家標準二九六四「碳工具鋼鋼料」所定五號或具有同等以上機械性質者。

二、形狀：

　　㈠使其符合第八十五條規定所標示之標準鋸台位置沿圓鋸片斜齒三分之二以上部分與圓鋸片鋸齒前端之間隙在十二公厘以內之形狀。

　　㈡撐縫片之橫剖面具有輸送刀形等加工材時較少阻力之形狀。

三、一端固定之撐縫片（以下簡稱鐮刀式撐縫片）其依第八十五條規定所標示之標準鋸台位置之寬度值對應圓鋸片直徑，具有下表所列之值以上：

圓鋸片直徑（單位：公厘）	值（單位：公厘）
152 以下	30
203	35
255	45
305	50
355	55
405	60
455	70
510	75
560	80
610	85
備註：圓鋸片直徑介於表列值之中間時，以比例法求出。	

四、所列標準鋸台位置沿圓鋸片斜齒三分之二之位置處之鐮刀式撐縫片寬度，依同款規定值之三分之一以上。

五、兩端固定之撐縫片（以下簡稱懸垂式撐縫片）寬度值對應圓鋸片直徑，具有下表所列之值以上：

圓鋸片直徑（單位：公厘）	值（單位：公厘）
810 以下	40
超過 810, 965 以下	50
超過 965, 1120 以下	60
超過 1120 者	70

六、厚度為圓鋸片厚度之一‧一倍以上。

七、安裝部為可調整圓鋸片鋸齒與撐縫片間之間隙之構造。

八、安裝用螺栓：

　　㈠安裝用螺栓之材料為鋼材，其直徑對應下表左欄所列撐縫片種類及中欄所列圓鋸片直徑，具有同表右欄所列之值（螺栓直徑）以上：

撐縫片種類	圓鋸片直徑（單位：公厘）	螺栓直徑（單位：公厘）
鐮刀式撐縫片	203 以下	5
	超過 203, 355 以下	6
	超過 355, 560 以下	8
	超過 560, 610 以下	10
懸垂式撐縫片	915 以下	6
	超過 915 者	8

　　㈡安裝螺栓數在二枚以上。

　　㈢安裝螺栓必須設有盤形簧墊圈等之防鬆措施。

九、支持配件，其材料為鋼材或鑄鐵件，且具有充分支撐撐縫片之強度。

十、圓鋸片直徑超過六一○公厘者，該圓盤鋸所使用之撐縫片為懸垂式。

第四十三條　供作反撥預防裝置所設之反撥防止爪（以下簡稱反撥防止爪及反撥防止

輥（以下簡稱反撥防止輥），應符合下列規定：

一、材料：符合中國國家標準二四七三「一般結構用軋鋼料」所定二號或
具有同等以上機械性質之鋼料。

二、構造：

㈠反撥防止爪（除自動輸送裝置之圓盤鋸之反撥防止爪外）及反撥
防止輥對應加工材厚度，具有可防止加工材於圓鋸片斜齒側撥昇
之機能及充分強度。

㈡有自動輸送裝置之圓盤鋸反撥防止爪，對應加工材厚度，具有防
止加工材反彈之機能及充分強度。

三、反撥防止爪及反撥防止輥之支撐部，具有可充分承受加工材反彈時
之強度。

四、圓鋸片直徑超過四五〇公厘之圓盤鋸（除自動輸送裝置之圓盤鋸外），
使用反撥防止爪及反撥防止輥等以外形式之反撥預防裝置。

第 四十四 條　鋸齒接觸預防裝置應符合下列規定：

一、構造：

㈠鋸齒接觸預防裝置（除使用於攜帶式圓盤鋸者外。以下於本款及
第三款均同）中可動式者（覆蓋下端與輸送加工材可經常接觸之
方式，以下均同），其覆蓋為可將相對於鋸齒撐縫片部分與加工
材鋸切中部分以外之部分充分圍護之構造。

㈡本款㈠之鋸齒接觸預防裝置以外之鋸齒接觸預防裝置使用之覆蓋，
將相對於鋸齒撐縫片部分與輸送中之加工材頂面八公厘以內部分
之其他部分充分圍護，且無法自其下端鋸台面調整昇高二十五公
厘以上之構造。

㈢本款㈠、㈡之覆蓋均可使操作加工材輸送之勞工看見鋸齒鋸斷部
分之構造。

二、前款覆蓋之鉸鏈部螺栓、銷等，設防止鬆脫之措施。

三、支撐部分為可調整覆蓋位置之構造；其強度應可充分支撐覆蓋，有關

之軸及螺栓設防止鬆脫之措施。

四、攜帶式圓盤鋸之鋸齒接觸預防裝置（以下簡稱攜帶式圓盤鋸接觸預防裝置）：

（一）覆蓋：可充分將鋸齒鋸切所需部分以外之部分圍護之構造。此際，鋸齒於鋸切所需部分之尺寸，應將平板調整至圓鋸片最大切入深度之位置，圓鋸片與平板所成角度置於九十度時，其值在下圖所示數值以下。

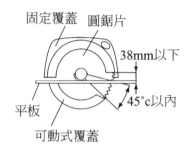

固定覆蓋　圓鋸片
38mm以下
45°c以內
平板
可動式覆蓋

（二）固定覆蓋：可使操作之勞工看見鋸齒鋸斷部分之構造。

（三）可動式覆蓋：

　　1.鋸斷作業終了，可自動回復至閉止點之形式。

　　2.可動範圍內之任何位置無法固定之形式。

（四）支撐部：具有充分支撐覆蓋之強度。

（五）支撐部之螺栓及可動覆蓋自動回復機構用彈簧之固定配件用螺栓等，設防止鬆脫之措施。

第五章　堆高機之防護標準

第 四十五 條　本法施行細則第九條第四款堆高機之防護標準，依本章之規定。

第 四十六 條　堆高機（除第四十七條及第四十八條規定者外）應依下表左欄所列安定度區分，對應同表中欄所列堆高機狀態，具有於同表右欄所列坡度之地面亦不致翻覆之前後、左右之安定度。

安定度 區　分	堆高機狀態	坡度（單位：%）
前後安 定　度	在基準負荷狀態下貨叉呈最高上 舉狀態。	4（最大荷重在五公噸以上者，3.5）
	運行時之基準負荷狀態。	18
左右安 定　度	在基準負荷狀態下，貨叉呈最高 上舉，桅桿呈最大後傾狀態。	6
	運行時之基準無負荷狀態。	15 加 1.1V

備註：
一、本表所稱「基準負荷狀態」，係指在基準承重中心上加以最大荷重之重量，使
　　桅桿垂直，貨叉上端距離地面三○公分時之狀態
二、本表所稱「運行時之基準負荷狀態」，係指在基準負荷狀態下，桅桿呈最大後
　　傾時之狀態。
三、本表所稱「運行時之基準無負荷狀態」，係指使桅桿垂直，貨叉上端距離地面
　　三○公分狀態時，使桅桿呈最大後傾狀態。
四、本表之 V 係表示堆高機之最高速度（單位：公里／小時）之數值。（在第四十
　　七條及第四十八條表中亦同）。

第 四十七 條　　側式堆高機應依下表左欄所列安定度區分，對應同表中欄所列堆高機狀
　　　　　　　　態，具有於同表右欄所列坡度之地面亦不致翻覆之前後、左右之安定度。

安定度 區　分	堆高機狀態	坡度（單位：%）
前後安 定　度	在基準負荷狀態下，伸縮支架伸 出，伸臂呈最大伸展，貨叉呈最 高上舉狀態。	6
	運行時之基準負荷狀態。	18
左右安 定　度	在基準負荷狀態下，伸縮支架伸 出，伸臂呈最大伸展，貨叉呈最 高上舉狀態。	4（最大荷重在五公噸以上之之側式堆高 機者，為 3.5）
	運行時之基準無負荷狀態。	15 加 1.1V

備註：
一、本表所稱「基準負荷狀態」，係指在基準承重中心上加以最大荷重之重量，伸
　　臂完全縮回，使桅桿垂直，貨叉呈水平，置該荷重於貨架上，貨叉上端距離地
　　面三○公分時之狀態。
二、本表所稱「運行時之基準負荷狀態」，係指在基準負荷狀態下，伸縮支架縮回
　　之狀態。
三、本表所稱「運行時之基準無負荷狀態」，係指伸臂完全縮回，使桅桿垂直，貨
　　叉呈水平，貨叉上端距離地面三○公分之狀態（於第四十八條表中亦同）。

第 四十八 條　　伸臂式堆高機應依下表左欄所列安定度區分，對應同表中欄所列堆高機
　　　　　　　　狀態，具有於同表右欄所列坡度之地面亦不致翻覆之前後、左右之安定

度。

安定度區分	堆高機狀態	坡度（單位：%）
前後安定度	在基準負荷狀態下，伸臂呈最大伸展、貨叉呈最高上舉狀態。	4（最大荷重在五公噸以上之伸臂式堆高機者，為 3.5）
	運行時之基準負荷狀態。	18
左右安定度	在基準負荷狀態下，貨叉呈最高上舉、桅桿及貨叉呈最大後傾狀態。	6
	運行時之基準無負荷狀態。	15加 1.1V

備註：
一、本表所稱「基準負荷狀態」，係指在基準承重中心上加以最大荷重之重量，使伸臂完全縮回，貨叉呈水平，貨叉上端距離地面三〇公分時之狀態。
二、本表所稱「運行時之基準負荷狀態」，係指在基準負荷狀態下，桅桿及貨叉呈最大後傾狀態。

第 四十九 條　堆高機為制止運行及保持停止，應設制動裝置。

前項制動裝置之制止運行之制動裝置之性能，應具有下表左欄所列堆高機狀態對應同表中欄所列制動初速度之於同表右欄所列停止距離內，使該堆高機停止者。

堆高機狀態	制動初速度（單位：公里／小時）	停止距離（單位：公尺）
運行時之基準無負荷狀態	20（最高速度未達每小時20公里之堆高機者，為其最高速度）。	5
運行時之基準負荷狀態	10（最高速度未達每小時10公里之堆高機者，為其最高速度）。	2.5

備註：
　本表所稱「運行時之基準無負荷狀態」及「運行時之基準負荷狀態」，係對應堆高機種類，分別於第四十六條至第四十八條之表列運行時之基準無負荷狀態及運行時之基準負荷狀態（次項之表中亦同）。

第一項制動裝置之保持停止狀態之制動裝置之性能，應具有依下表左欄所列堆高機狀態，於同表右欄所列坡度之地面，使該堆高機停止者。

堆高機狀態	坡度（單位：%）
運行時之基準無負荷狀態。	20
運行時之基準負荷狀態。	15

第 五十 條　堆高機應於其左右各設一個方向指示器。但最高速度未達每小時二〇公
　　　　　里者，其操控方向盤之中心至堆高機最外側未達六十五公分，且機內無
　　　　　駕駛座者，得免設方向指示器。

第 五十一 條　堆高機應設警報裝置。

第 五十二 條　堆高機應裝置前照燈及後照燈。但堆高機已註明限照度良好場所使用者，
　　　　　不在此限。

第 五十三 條　堆高機應設有下列規定之頂蓬。但堆高機已註明限使用於裝載貨物掉落
　　　　　時無危害駕駛者之虞之場合者，不在此限：

　　　　　一、其強度足以承受堆高機之最大荷重之二倍之值（其值逾四公噸者為
　　　　　　　四公噸）之等分布靜荷重者。

　　　　　二、上框各開口之寬度或長度應未滿十六公分者。

　　　　　三、對駕駛者以座式操作之堆高機，自駕駛座上面至頂蓬之下端之距離
　　　　　　　應在九十五公分以上者。

　　　　　四、對駕駛者以立式操作之堆高機，自駕駛座底板至頂蓬上框下端之距
　　　　　　　離應在一‧八公尺以上者。

第 五十四 條　堆高機應裝置後扶架。但堆高機已註明限使用於將桅桿後傾之際貨物掉
　　　　　落時無危害勞工之虞之場合者，不在此限。

第 五十五 條　堆高機之油壓裝置，應設有防止油壓過度昇高之安全閥。

第 五十六 條　貨叉等（係指貨叉、重錘裝載貨物裝置。以下於第八十五條第五款第(四)目
　　　　　亦同），應符合下列規定：

　　　　　一、材料為鋼材，無顯著損傷、變形、腐蝕者。

　　　　　二、在貨叉之基準承重中心加以最大荷重之重物時，貨叉所生應力值應
　　　　　　　在該貨叉鋼材之降伏強度值之三分之一以下。

第 五十七 條　堆高機裝卸裝置使用之鏈條（簡稱拉昇鏈條）之安全係數應在五以上。
　　　　　前項安全係數以拉昇鏈條之斷裂荷重值除以加諸於拉昇鏈條荷重之最大
　　　　　值所得之值。

第 五十八 條　使用昇降方式駕駛座之堆高機，應於駕駛座置備有扶手及防止墜落危險

之設備。

使用座式操作之堆高機，其駕駛座應使用緩衝材料，使之在運行時，不致加諸駕駛人員身體顯著振動之構造。

第六章　研磨機之防護標準

第 五十九 條　本法施行細則第九條第五款之研磨機之防護標準，依本章之規定。

第　六十　條　研磨機之研磨輪應具有下列之性能：

一、平直形研磨輪、盤形研磨輪（含彈性研磨輪。除第六十二條外，以下同）及切割研磨輪之最高使用周速度，以製成該研磨輪之結合劑製成之樣品經研磨輪破壞旋轉試驗定之。

二、研磨輪樣品之研磨砂粒為鋁氧（礬土）質系，平直形研磨輪及盤形研磨輪之尺寸，依下表所列之值。

研磨輪種類	尺寸（單位：公厘）		
	直徑	厚度	孔徑
平直形研磨輪	205 以上，　305 以下	19 以上，　25 以下	直徑之 $\frac{1}{2}$
盤形研磨輪	180	6	22

三、第一款之破壞旋轉試驗係以三以上之研磨輪樣品為之。於各該破壞旋轉周速度值中最低之值，為該研磨輪樣品之破壞旋轉周速度值。

四、研磨輪（除使用於粗磨之平直形研磨輪外）於下表所列普通使用周速度限度內之速度（以下簡稱普通速度）作機械研磨使用者，其最高使用周速度值應在前款破壞旋轉周速度值除以一‧八所得之值（超過下表所列普通速度之限度值時，為該限度值）以下。

研磨輪種類			研磨輪之普通使用周速度限度（單位：公尺／分）	
			結合劑為無機物時	結合劑為有機物時
平直形研磨輪	未補強者	一般用者	2000	3000
		超重研磨用者	–	3800
		螺絲研磨用及溝槽之研磨用者	3800	3800
		曲柄軸及凸輪軸之研磨用者	2700	3000
	經補強者	直徑 100 公厘以下，厚度 25 公厘以下者	–	4800
		直徑 205 公厘以下，大於100 公厘；厚度 13 公厘以下者	–	4300
		其他尺寸者	–	3000
單斜形研磨輪、雙斜形研磨輪、單凹形研磨輪、雙凹形研磨輪、安全形研磨輪、皿形研磨輪及鋸用研磨輪			2000	3000
契形研磨輪	一般用者		2000	3000
	螺絲研磨用及溝槽之研磨用者		3800	3800
留空形研磨輪	一般用者		2000	3000
	曲柄軸及凸輪軸之研磨用者		2700	3000
環形研磨輪及環形之環片式研磨輪			1800	2100
直杯形研磨輪及斜杯形研磨輪			1800	2400
鋸齒形研磨輪及鋸齒形之環片式研磨輪			2000	2700
盤形研磨輪（直徑 230 公厘以下，厚度 10 公厘以下者）		未補強者	–	3400
		經補強者	–	4300
切割研磨輪		未補強者	–	3800
		經補強者	–	4800
備註：自國外輸入之研磨輪最高使用周速度依下表換算。				

輸入研磨輪之最高使用周速度（英尺／分）	換算（公尺／分）
6500	2000
8500	2700
9500	3000
12000	3600
16000	4800
20000	6000

五、第一款之研磨輪（除第四款所列研磨輪外），其最高使用周速度值應在第三款破壞旋轉周速度值除以二所得之值（於普通速度下使用者，其值超過前款表中所列普通使用周速度之限度值時，為該限度值）以

下。

六、次表上欄所列研磨輪之最高使用周速度值，依同表中欄所列結合劑
種類，應在第四款、第五款規定之平直形研磨輪所得之最高使用周速
度值乘以同表下欄所列數值所得之值以下。但環片式研磨輪者，由中
央主管機關另定之。

研磨輪種類	結合劑種類	數　值
單斜形研磨輪、雙斜形研磨輪、單凹形研磨輪 雙凹形研磨輪、安全形研磨輪、契形研磨輪 皿形研磨輪、鋸用研磨輪、留空式研磨輪	無機物　　　　有機物	1.0
環形研磨輪	無機物	0.9
	有機物	0.7
直杯形研磨輪、斜杯形研磨輪	無機物	0.9
	有機物	0.8
鋸齒形研磨輪	無機物	1
	有機物	0.87

第 六十一 條　直徑在一百公厘以上之研磨輪，每批成品應具有就該研磨輪以最高使用
周速度值乘以一‧五倍速度實施旋轉試驗合格之性能。

前項試驗研磨輪（除顯有異常之成品外，以下於本項及次項中均同）數之
百分之十（未滿五個時，為五個）以上之研磨輪於實施同項旋轉試驗者，
研磨輪之全數無異常者，該批成品為合格；異常率在百分之五以下時，除
異常之研磨輪外，該批成品均視為合格。

研磨輪應於不超過一個月之一定期間，實施次項之破壞旋轉試驗（以下
簡稱定期破壞旋轉試驗），經試驗合格之研磨輪，得免除第一項之旋轉試
驗；經定期破壞旋轉試驗未能合格之研磨輪，應依第二項規定處理。

對三個以上使用同種結合劑在普通速度下供研磨用之研磨輪，於實施定
期破壞旋轉試驗時，其破壞旋轉周速度中最低之值，如供作粗磨以外之
機械研磨時，為最高使用周速度乘以一‧八所得之值，其他研磨輪，為最
高使用周速度乘以二所得之值，就使用該結合劑於供作普通速度下使用
之研磨輪成品均應視為合格。

第 六十二 條　盤形研磨輪（除彈性研磨輪外），應就每同一規格之成品實施衝擊試驗。
前項之衝擊試驗，係分別就二個以上之研磨輪，以如圖所示之衝擊試驗機向相對之兩處施以十公斤公尺之衝擊。

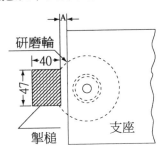

A 之值如下：

研磨輪之直徑 （單位：公厘）	100 以下	超過 100，125 以下	超過 125，150 以下	超過 150，180 以下	超過 180者
A（單位：公厘）	14	20	30	38	42

在衝擊試驗中測得之衝擊值中最低之值，對應於下表左欄所列研磨輪厚度及同表中欄所列之直徑，分別在同表右欄所列之值以上時，該衝擊試驗有關係之成品均合格。

研磨輪厚度 （單位：公厘）	研磨輪直徑（單位：公厘）	值（單位：公斤公尺）
六未滿	100以下	1.0
	超過 100，　125以下	1.3
	超過 125，　150以下	1.6
	超過 150，　180以下	2.0
	超過 180，　205以下	2.2
	超過 205者	2.4
六以上	100以下	1.5
	超過 100，　125以下	1.9
	超過 125，　150以下	2.4
	超過 150，　180以下	3.0
	超過 180，　205以下	3.5
	超過 205者	4.0

第 六十三 條　研磨輪尺寸應依下表上欄中所列研磨輪之最高使用周速度區分，對應同表中欄所列研磨輪種類，具有同表下欄所列之值。

研磨輪之最高使用周速度區分（單位：公尺/分）	研磨輪種類	尺寸（單位：公厘）						
		直徑（D）	厚度（T）	孔徑（H）	凹徑（P）	裝設部分之厚度（E）	裝設部分之平行部分徑（J 或 K）	邊緣厚（W）
普通速度 2700 以下	全部	切割研磨輪為1500以下		0.7 D 以下	1.02 Df + 4 以上	直杯形及斜杯形形為 $\frac{T}{4}$ 以上，單凹形、雙凹形、皿形及鋸用皿形為 $\frac{T}{2}$ 以上	Df + 2R 以上	E 以下
普通速度以下 超過 2700，3600 以下	平面形、單斜形、雙斜形、單凹形、雙凹形、安全形、契形及留空起式	1065 以下	$\frac{D}{75}$ 以下 D(D≦610) 以下	0.6 D 以下	1.02 Df + 4 以上	$\frac{2}{3}$ T 以上	Df + 2R 以上	
超過 3600，4800 以下	平面形、單斜形、雙斜形、單凹形、雙凹形、安全形、契形、留空形及凸起式	1065 以下	$\frac{D}{50}$ 以上 305 以下	0.5 D 以下	1.02 Df + 4 以上	$\frac{2}{3}$ T 以上	Df + 2R 以上	
外周速度超過普通速度 超過 3600，4800 以下	平直形、契形、全形及切割	安全切割為1500以下，其他為 760 以下	$\frac{D}{50}$ 以上 80 以下	0.33 D 以下			Df + 2R 以上	
超過 4800，6000 以下	平直形、契形、全形及切割	安全切割為1500以下，其他為 760 以下	$\frac{D}{50}$ 以上 80 以下	0.2 D 以下			Df + 2R 以上	

備註：
一、表中，Df 為固定緣盤之直徑，R 為凹槽圓角之內半徑。
二、表中未訂定之值為任意值。

第 六十四 條　研磨輪應使用第六十五條至第六十九條所訂定規格之緣盤，但對應左表上欄所列研磨輪種類，於使用同表下欄所列安裝器具時，不在此限。

研磨輪種類	安裝器具
環形研磨輪及碟形研磨輪有螺帽杯形研磨輪、有螺帽砲彈形研磨輪等有螺帽之研磨輪	底座 有螺帽之裝設器具
環片式研磨輪	環片安裝器具
帶柄研磨輪	軸固定器具
安裝於精密內圓研磨機之內圓研磨軸上之平直形研磨輪	螺栓等裝設器具

固定側之緣盤應為使用鍵或螺絲，並以燒嵌、壓入等方法固定於研磨輪軸上；研磨輪軸之固定螺絲應易於栓旋。

以平直形研磨輪用安全緣盤將研磨輪安裝於研磨機時，應使用橡膠製墊片。

第 六十五 條　緣盤應使用具有相當於中國國家標準二四七二「灰口鐵鑄件」所定第二號鐵鑄件之抗拉強度之材料，且不變形者。

緣盤（除第六十九條第一項規定之緣盤外）之直徑及接觸寬度，在固定側與移動側均應等值。

第 六十六 條　直式緣盤之直徑，應在擬安裝之研磨輪直徑之三分之一以上；間隙值，應在一・五公厘以上；接觸寬度，應依次表左欄所列研磨輪直徑對應同表右欄所列之值。

研磨輪直徑（單位：公厘）	接觸寬度值（單位：公厘）
65以下	超過 0.1Df，未滿 0.26Df。
超過 65，355以下	超過 0.08Df，未滿 0.18Df。
超過 355者	超過 0.06Df，未滿 0.18Df。
備註：表中之 Df 為固定緣盤之直徑。	

安裝於最高使用周速度每分鐘在四千八百公尺以下既經補強之切割研磨輪（以抗拉強度在每平方公厘七十一公斤以上之使用玻璃纖維絲網或其他相當之材料補強者為限）之直式緣盤之直徑，得為該切割研磨輪直徑

之四分之一以上，不受前項規定之限制。

第 六十七 條　套式緣盤或接頭式緣盤之直徑，應依下列計算式計算所得之值。

$$Df \geq K(D - H) + H$$

式中，Df、D、H 及 K 值分別為

　　Df　固定緣盤之直徑（單位：公厘）

　　D　研磨輪直徑（單位：公厘）

　　H　固定緣盤之孔徑（單位：公厘）

　　K　常數，依下表規定

研磨輪直徑（單位：公厘）	K	
	普通速度下使用之研磨輪	普通速度以外之速度使用之研磨輪
未滿 610	0.13	0.15
610 以上，未滿 760	0.11	0.13
760 以上，未滿 1065	0.10	0.12
1065 以上	0.08	0.10

前項之緣盤之接觸寬度，應以下表左欄中所列研磨輪直徑，對應同表右欄所列之值以上者。

研磨輪直徑（單位：公厘）	接觸寬度值（單位：公厘）		
	套式固定緣盤		接頭式固定緣盤
	用於普通速度之研磨輪	用於普通速度以外之速度之研磨輪	用於普通速度之研磨輪
100 以下	4	5	8
超過 100，125 以下	6	7	12
超過 125，205 以下	7	8	15
超過 205，305 以下	10	12	22
超過 305，405 以下	13	16	22
超過 405，610 以下	13	20	22
超過 610，1065 以下	16	25	32
超過 1065 以上	32	32	

接頭式緣盤不得安裝於普通速度以外之速度下使用之研磨輪。

第 六十八 條　安全式緣盤之直徑，於供作平直形研磨輪使用者，應在所裝研磨輪直徑之三分之二以上，供作雙斜形研磨輪使用者，應在所裝研磨輪直徑之二分之一以上，間隙值為一‧五公厘以上，接觸寬度應為該緣盤直徑之六分之一以上。

雙斜形研磨輪用緣盤與研磨輪之接觸面應有十六分之一以上之斜度。

第 六十九 條　供作盤形研磨輪使用之緣盤形狀如下圖所示者，其尺寸應依下表左欄所列盤形研磨輪直徑，具有同表右欄所列之值。

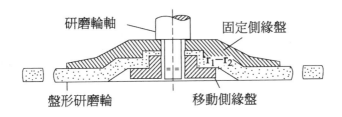

盤形研磨輪直徑（單位: 公厘）	值（單位: 公厘）					
	固定側緣盤之直徑	移動側緣盤之直徑	固定側緣盤之深度	導孔之直徑	圖中所示之 r1	圖中所示之 r2
100以下	50	18	4.0	9.53	3.2	4.9
超過 100	100	40	4.8	22.23	10.0	10.0

如左圖所示形狀之盤形研磨輪用緣盤之尺寸，應依上表左欄所列盤形研磨輪直徑，具同表右欄所列之值。

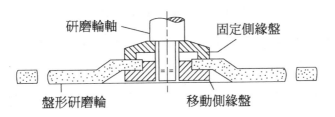

第 七十 條　研磨輪（除內圓研磨機外）應設護罩，且具有第七十一條至第七十九條所定之性能。

第 七十一 條　研磨輪護罩（以下簡稱護罩）之材料，應具有下列所定機械性質之壓延鋼板：

一、抗拉強度值應在每平方公厘二十八公斤以上，且延伸值在百分之十四以上。

二、抗拉強度值（單位為公斤／平方公厘）與延伸值（單位為百分比）之兩倍之和，應在七十六以上。

手提用研磨機之護罩及帶狀護罩以外之護罩之材料，應依次表左欄所列研磨輪最高使用周速度，使用同表右欄所列者，不受前項規定之限制。

研磨輪最高使用周速度（單位: 公尺／分）	材料
2000以下	鑄鐵、可鍛鑄鐵或鑄鋼
超過 2000，3000 以下	可鍛鑄鐵或鑄鋼
超過 3000	鑄鋼

備註: 表中所列材料，應具有下列機械性質。
  一、鑄鐵應具有符合中國國家標準二四七二「灰口鐵鑄件」規定之二種之抗拉強度以上者。可鍛鑄鐵抗拉強度值應在每平方公厘三十二公斤以上，延伸值在百分之八以上。
  二、鑄鋼抗拉強度值應在每平方公厘三十七公斤以上，延伸值在百分之十五以上，抗拉強度值（單位: 公斤／平方公厘）之〇.六倍加延伸值（單位為百分比）所得之值應在四十八以上。

切割研磨輪（以最高使用周速度在每分鐘四千八百公尺以下者為限）使用之護罩材料，得使用抗拉強度在每平方公厘十八公斤以下，且延伸值在百分之二以上之鋁，不受前二項規定之限制。

第 七十二 條　護罩應覆蓋於研磨輪之下列之處（除研磨之必要部分外）:

一、使用側面研磨之研磨輪護罩，為研磨輪周邊面及固定側之側面。

二、手提用研磨機護罩（除前款之護罩外），其周邊板及固定側之側板係使用無接縫之單枚壓延鋼板製成者，為研磨輪之周邊面、固定側之側面、拆卸側之側面（如下圖①所示將周邊板頂部，有五公厘以上彎至拆卸側上，且其厚度較第七十四條第一項之表所列之值增加百分之二十以上者，為拆卸側之側面外）如左圖②所示之處。

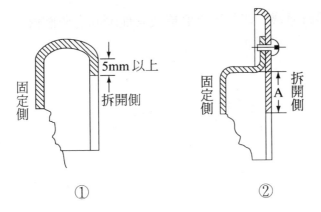

① ②

備註: A 應在研磨輪半徑之二分之一以上。

三、第一、二款所列護罩以外之護罩, 為研磨輪之周邊及兩側面 (含拆卸
　　側研磨輪軸之側面) 研磨輪中之前項所稱研磨之必要部分, 指依研磨
　　機之種類, 應如下圖所示。

①圓筒研磨機、無心研磨機、工具研磨機、萬能研磨機及其他類同之研磨
　機。

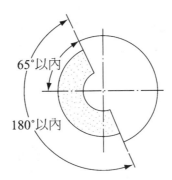

②手提研磨機、擺動式研磨機、鋼胚平板用研磨機及其他類同之研磨機。

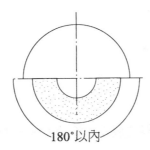

③平面研磨機、切割用研磨機及其他類同之研磨機。

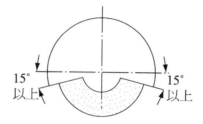

④剷除鑄件毛邊等使用之桌上用研磨機或床式研磨機。

⑤使用研磨輪上端為目的之桌上用研磨機或床式研磨機。

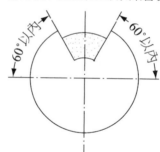

⑥④及⑤以外之桌上用研磨機、床式研磨機及其他類同之研磨機。

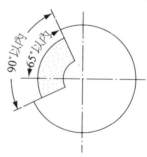

第 七十三 條　使用壓延鋼板為材料之護罩（除第七十七條規定之護罩外）厚度，應依研磨輪最高使用周速度、研磨輪厚度及研磨輪直徑，具有下表所列之值以上。

研磨輪最高使用周速度（公尺／分）	研磨輪厚度（公厘）	150以下 A	150以下 B	超過150 305以下 A	超過150 305以下 B	超過305 405以下 A	超過305 405以下 B	超過405 510以下 A	超過405 510以下 B	超過510 610以下 A	超過510 610以下 B	超過610 760以下 A	超過610 760以下 B	超過760 1250以下 A	超過760 1250以下 B
2000 以下	50 以下	1.6	1.6	2.3	1.9	3.1	2.3	3.9	3.1	5.5	3.9	6.3	4.5	7.9	6.3
	超過 50 100 以下	1.9	1.6	2.3	1.9	3.1	2.3	4.5	3.9	6.3	3.9	7.0	4.5	8.7	6.3
	超過 100 150 以下	2.3	1.6	3.1	2.7	3.9	3.1	6.3	3.9	7.0	4.5	7.9	5.5	9.5	7.9
	超過 150 205 以下	—	—	3.9	3.5	5.5	4.5	6.3	3.9	7.0	4.5	7.9	5.5	9.5	7.9
	超過 205 305 以下	—	—	4.5	4.3	5.5	4.5	6.3	4.5	7.0	4.5	7.9	5.5	9.5	7.9
	超過 305 405 以下	—	—	—	—	7.0	6.3	7.9	6.3	8.0	6.3	9.0	6.7	11.0	8.7
	超過 405 510 以下	—	—	—	—	—	—	8.7	7.0	8.7	7.0	9.5	8.7	12.7	10.0
超過 2000 3000 以下	50 以下	2.2	1.6	4.2	3.4	4.5	3.8	5.5	4.4	6.6	4.9	7.7	6.0	10.0	7.7
	超過 50 100 以下	2.4	1.6	4.4	3.8	5.4	4.2	6.6	5.5	7.7	5.5	8.0	6.0	10.5	7.7
	超過 100 150 以下	3.2	1.6	5.8	4.9	6.3	5.4	8.3	6.0	8.8	6.6	9.0	7.0	12.0	9.7
	超過 150 205 以下	—	—	7.0	5.6	8.8	7.0	9.4	7.0	10.0	7.0	10.5	7.8	13.0	10.0
	超過 205 305 以下	—	—	8.0	6.9	9.3	7.7	9.9	7.7	10.5	7.7	11.0	8.3	14.5	11.0
	超過 305 405 以下	—	—	—	—	10.5	9.4	12.0	9.9	12.5	9.9	13.6	10.8	17.0	13.0
	超過 405 510 以下	—	—	—	—	—	—	13.0	11.0	13.0	11.0	14.5	12.7	19.0	16.0
超過 3000 4800 以下	50 以下	3.1	1.6	7.9	6.3	7.9	6.3	7.9	6.3	7.9	6.3	9.5	7.9	12.7	9.5
	超過 50 100 以下	3.1	1.6	9.5	7.9	9.5	7.9	9.5	7.9	9.5	7.9	9.5	7.9	12.7	9.5
	超過 100 150 以下	4.7	1.6	11.0	9.0	11.0	9.5	11.0	9.5	11.0	9.5	11.0	9.5	17.4	12.0
	超過 150 205 以下	—	—	12.7	9.5	14.0	11.0	14.0	11.0	14.0	11.0	14.0	11.0	19.0	12.7
	超過 205 305 以下	—	—	14.0	11.0	15.8	12.7	15.8	12.7	15.8	12.7	15.8	12.7	22.0	15.8
	超過 305 405 以下	—	—	—	—	15.8	14.0	19.0	15.8	19.0	15.8	20.0	17.4	26.9	20.0
	超過 405 510 以下	—	—	—	—	—	—	20.0	17.4	20.0	17.4	22.0	19.0	30.0	23.8

研磨輪直徑（單位：公厘）　研磨輪厚度（單位：公厘）

備註：表中，A 為護罩周邊護板厚度，B 為護罩側板之厚度。

鑄鐵、可鍛鑄鐵或鑄鋼為材料之護罩厚度應於前項之值，對照下表左欄之材料種類，乘以次表右欄所列係數所得之值以上。

材料種類	係數
鑄　鐵	4.0
可鍛鑄鐵	2.0
鑄　鋼	1.6

第 七十四 條　供作盤形研磨輪及切割研磨輪以外之下表所列研磨輪使用之護罩，其周邊板與固定側之側板係使用無接縫之單枚壓延鋼板製成者，其厚度，應依研磨輪之最高使用周速度、研磨輪厚度及研磨輪直徑，以護罩板之區分，分別為下表所列之值，不受第七十三條第一項規定之限制。

研磨輪之最高使用周速度（單位：公尺／分）	研磨輪厚度（單位：公厘）	護罩板之區分	研磨輪　直徑（單位：公厘）					
			125 以下	超過 125,150 以下	超過 150,205 以下	超過 205,255 以下	超過 255,305 以下	超過 305,355 以下
2000 以下	32 以下	A	1.6	1.6	1.8	2.0	2.3	3.0
		B	1.2	1.2	1.4	1.6	1.8	2.3
	超過 32,50 以下	A	–	–	–	2.0	2.3	3.0
		B	–	–	–	1.6	1.8	2.3
超過 2000,3000 以下	32 以下	A	1.6	2.2	2.6	3.0	3.2	4.0
		B	1.6	1.6	1.6	2.0	2.3	2.8
	超過 32,50 以下	A	–	–	–	3.0	3.2	4.0
		B	–	–	–	2.0	2.3	2.8

備註：表中 A 表示護罩之周邊板及固定側之側板；B表示護罩之拆卸側之側板。

前項之護罩之固定側之周邊板與拆卸側之側板係採結合方式製成者，拆卸側之側板頂端，應如下圖所示之彎曲狀者。

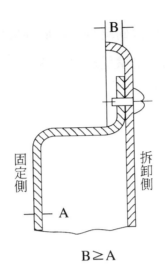

B≥A

第 七十五 條　使用於下表所列盤形研磨輪（以直徑在二百三十公厘以下者為限）之護罩，其周邊板與固定側側板用無接縫單枚壓延鋼板製成之厚度，依研磨輪厚度，採用同表左欄所列之數值，不受第七十三條第一項規定之限制。

研磨輪厚度（單位: 公厘）	數值（單位: 公厘）
10 以下	1.6
超過 10, 20以下	2.3

前項護罩之其頂端部分應如圖所示之彎曲狀者。

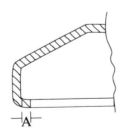

備註: A 值對應於研磨輪之直徑 (D) 應在下列值以上。

D ≤ 125 時為　　　3

125 <D ≤ 180 時為　4

180 <D ≤ 230 時為　5

（單位: 公厘）

第 七十六 條　使用於下表所列切割研磨輪（以最高使用周速度在每分鐘四千八百公尺以下者為限）之使用壓延鋼板製作之護罩，應依研磨輪厚度及研磨輪直徑，對應各別護罩板之區分，其厚度採同表中所列之值，不受第七十三條第一項規定之限制。

研磨輪厚度（單位：公厘）	護罩板之區分	研磨輪直徑（單位：公厘）				
		205 以下	超過 205, 305 以下	超過 305, 510 以下	超過 510, 760 以下	超過 760, 915 以下
6 以下	A	1.6	2.0	2.5	4.0	5.0
	B	1.2	1.6	2.0	2.8	4.0
超過 6, 13 以下	A	2.0	2.3	3.2	5.0	6.3
	B	1.6	1.8	2.5	3.2	5.0
備註：表中 A 為護罩之周邊板，　B 為護罩之側板						

　　使用鑄鐵、可鍛鑄鐵及鑄鋼等製成供作前項切割研磨輪使用之護罩，準用第七十三條第二項之規定。

　　第一項切割研磨輪使用之護罩係以鋁製成者，其厚度，應對應鋁之抗拉強度值乘以下表所列之係數所得之值以上。

鋁之抗拉強度值（單位：公斤／平方公厘）	係　數
18 以上，未滿 23	3.0
23 以上，未滿 32	2.5
32 以上	2.0

第 七十七 條　帶型護罩之厚度，應對應次表左欄所列研磨輪直徑，具有同表右欄所列之值以上：

研磨輪直徑（單位：公厘）	值（單位：公厘）
205 以下	1.6
超過 205，　610 以下	3.2
超過 610 者	6.3

　　前項護罩應如下圖所示者：

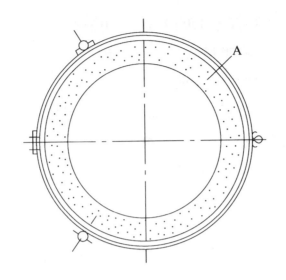

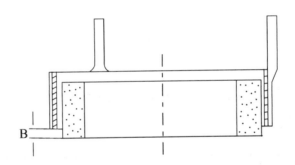

備註：　1.對應於研磨輪直徑 (D)

　　　　　A 之最大值如次：

　　　　　D ≤ 205 時為　　　　　5

　　　　　205<D ≤ 610 時為　　　7

　　　　　D>610 時為　　　　　10

　　　　　（單位：公厘）

　　　　2.對應於研磨輪厚度 (T)

　　　　　B 之最大值如次：

　　　　　T ≤ 25 時為　　　　　0.5T

　　　　　25<T ≤ 50 時為　　　0.4T

50<T ≤ 150 時為   0.33T

T>150 時為   50

（單位：公厘）

第 七十八 條   護罩不得有降低其強度之虞之孔穴、溝槽等。

第 七十九 條   桌上用研磨機及床式研磨機使用之護罩，應以設置舌板及其他方法，使研磨之必要部分之研磨輪周邊與護罩間之間隙可調整在十公厘以下：

前項舌板，應符合下列規定：

一、為板狀。

二、材料為第七十一條第一項所定之壓延鋼板。

三、厚度與護罩之周邊板具有同等以上之厚度（最小三公厘，最大十六公厘）。

四、有效橫斷面積在全橫斷面積之百分之七十以上，有效縱斷面積在全縱斷面積之百分之二十以上。

五、安裝用螺絲之直徑及個數，依研磨輪厚度，具備下表中欄及右欄所列之數值。

研磨輪厚度（單位：公厘）	直徑（單位：公厘）	個　數
150 以下	t× 1.6	2
超過 150 者	t× 2.0	2
	t× 1.4	4
備註： 一、表中 t 為舌板厚度。 二、中欄所列數值未滿五公厘者視為五公厘。		

第 八十 條   研磨機應於操作者無需離開其作業位置即可操作之處所，設置動力遮斷裝置。

前項動力遮斷裝置應易於操作，且不致因接觸、振動等而使研磨機有意外起動之虞者。

第 八十一 條   使用電力驅動之手提研磨機、桌上用研磨機或床式研磨機，應符合下列

規定:

一、電路部分之螺絲應有防止鬆脫之措施。

二、帶電部分及未帶電金屬部分間之絕緣部分,其絕緣效果應具有中國
國家標準三二六五「手提電磨機」之絕緣項所定基準之性能。

三、設有專用接地端子等可以接地之構造。

第 八十二 條　桌上用研磨機或床式研磨機,應具備可調整研磨輪與工作物支架之間隙
在三公厘以下之工作物支架。

第 八十三 條　手提空氣式研磨機(除未滿六十五公厘者外),應具備調速機。

第 八十四 條　直徑未滿五十公厘之研磨輪及其護罩,不適用本章之規定。

作者簡介

陳　俊　瑜

學歷	中正理工學院化工系學士（1974 年） 國立中央大學化工研究所碩士（1978 年） 美國華盛頓大學化工研究所博士（1985 年）
經歷	中正理工學院化工系講師、副教授、教授 中正理工學院應化系主任、應化研究所所長 黎明工業專科學校校長
現職	黎明工業專科學校化工科教授兼訓導主任
著作	實驗室安全衛生環保管理手冊（教育部，86 年） 化學工業安全概論（教育部，81 年） 火炸藥學（中正院，80 年） 火炸藥工廠設計（中正院，78 年） 彈藥學概論（上、下冊）（中正院，77 年）

周　瑞　芝

學歷	中國文化大學學士
經歷	黎明工業專科學校會計主任 黎明工業專科學校人事主任 黎明工業專科學校就輔室組長 黎明工業專科學校課務組長 黎明工業專科學校庶務主任
現職	黎明工業專科學校出出納室主任

賴　啟　中

學歷	國立臺灣科技大學工學博士。
經歷	黎明工業專科學校化工科講師。
現職	黎明工業專科學校化工科副教授。

王　德　修

學歷	國立臺灣科技大學化工所碩士。 淡江大學水資源及環境工程研究所博士候選人。
經歷	國立臺北科技大學技工，技佐，技術員，助教。
現職	黎明工業專科學校化工科講師。

三民科學技術叢書（一）

書名	著作人	任職
統計學	王士華	成功大學
微積分	何典恭	淡水學院
圖學	梁炳光	成功大學
物理	陳龍英	交通大學
普通化學	王澄霞　陳朝棟　洪志明	臺灣師範大學／師範大學
普通化學	王澄霞　魏明通	師範大學
普通化學實驗	魏明通	師範大學
有機化學	王澄霞　陳朝棟　洪志明	臺灣師範大學／師範大學
有機化學	王澄霞　魏明通	師範大學
有機化學實驗	王澄霞　魏明通	師範大學
分析化學	林洪志	成功大學
分析化學	鄭華生	清華大學
環工化學	黃汝賢　紀長生　吳春杰　何俊卿　尤伯哲	成功大學　大仁技術學院　崑山技術學院　高雄縣環保局
物理化學	卓靜哲　施良垣　黃守仁　蘇世剛　何瑞文	成功大學
物理化學	杜逸虹	臺灣大學
物理化學	李敏達	臺灣大學
物理化學實驗	李敏達	臺灣大學
化學工業概論	王振華	成功大學
化工熱力學	鄧禮堂	大同工學院
化工熱力學	黃定加	成功大學
化工材料	陳陵援	成功大學
化工材料	朱宗正	成功大學
化工計算	陳志勇	成功大學
實驗設計與分析	周澤川	成功大學
聚合體學（高分子化學）	杜逸虹	臺灣大學
塑膠配料	李繼強	臺北科技大學
塑膠概論	李繼強	臺北科技大學
機械概論（化工機械）	謝爾昌	成功大學
工業分析	吳振成	成功大學
儀器分析	陳陵援	成功大學
工業儀器	周澤川　徐展麒	成功大學

大學專校教材，各種考試用書。

三民科學技術叢書（二）

書名	著作人	任職
工業儀錶	周澤川	成功大學
反應工程	徐念文	臺灣大學
定量分析	陳壽南	成功大學
定性分析	陳壽南	成功大學
食品加工	蘇茀第	前臺灣大學教授
質能結算	呂銘坤	成功大學
單元程序	李敏達	臺灣大學
單元操作	陳振揚	臺北科技大學
單元操作題解	陳振揚	臺北科技大學
單元操作	葉和明	淡江大學
單元操作演習	葉和明	淡江大學
程序控制	周澤川	成功大學
自動程序控制	周澤川	成功大學
半導體元件物理	李嗣涔 管傑雄 孫台平	臺灣大學
電子學	黃世杰	成功大學
電子學	余家聲	逢甲大學
電子學	鄧知晴 李清庭	成功大學 中原大學
電子學	傅勝利 陳光福	高雄工學院 成功大學
電子學	王永和	成功大學
電子實習	陳龍英	交通大學
電子電路	高正治	中山大學
電子電路（一）	陳龍英	交通大學
電子材料	吳朗	成功大學
電子製圖	蔡健藏	臺北科技大學
組合邏輯	姚靜波	成功大學
序向邏輯	姚靜波	成功大學
數位邏輯	鄭國順	成功大學
邏輯設計實習	朱惠勇 康峻源	成功大學 省立新化高工
音響器材	黃貴周	聲寶公司
音響工程	黃貴周	聲寶公司
通訊系統	楊明興	成功大學
印刷電路製作	張奇昌	中山科學研究院
電子計算機概論	歐文雄	臺北科技大學
電子計算機	黃本源	成功大學

大學專校教材，各種考試用書。

三民科學技術叢書（三）

書　　　　　名	著作人	任　　　　職
計　算　機　概　論	朱惠勇 黃煌嘉	成　功　大　學 臺北市立南港高工
微　算　機　應　用	王　明　習	成　功　大　學
電　子　計　算　機　程　式	陳澤生臺 吳建建	成　功　大　學
計　算　機　程　式	余　政　光	中　央　大　學
計　算　機　程　式	陳　　　敬	成　功　大　學
電　　　工　　　學	劉　濱　達	成　功　大　學
電　　　工　　　學	毛　齊　武	成　功　大　學
電　　　機　　　學	詹　益　樹	清　華　大　學
電　機　機　械	黃　慶　連	成　功　大　學
電　機　機　械	林　料　總	成　功　大　學
電　機　機　械　實　習	高　文　進	華　夏　工　專
電　機　機　械　實　習	林　偉　成	成　功　大　學
電　　　磁　　　學	周　達　如	成　功　大　學
電　　　磁　　　學	黃　廣　志	中　山　大　學
電　　　磁　　　波	沈　在　崧	成　功　大　學
電　波　工　程	黃　廣　志	中　山　大　學
電　工　原　理	毛　齊　武	成　功　大　學
電　工　製　圖	蔡　健　藏	臺北科技大學
電　工　數　學	高　正　治	中　山　大　學
電　工　數　學	王　永　和	成　功　大　學
電　工　材　料	周　達　如	成　功　大　學
電　工　儀　錶	陳　　　聖	華　夏　工　專
電　工　儀　表	毛　齊　武	成　功　大　學
儀　　　表　　　學	周　達　如	成　功　大　學
輸　配　電　學	王　　　載	成　功　大　學
基　本　電　學	黃　世　杰	成　功　大　學
基　本　電　學	毛　齊　武	成　功　大　學
電　　　路　　　學	王　　　醴	成　功　大　學
電　　　路　　　學	鄭　國　順	成　功　大　學
電　　　路　　　學	夏　少　非	成　功　大　學
電　　　路　　　學	蔡　有　龍	成　功　大　學
電　廠　設　備	夏　少　非	成　功　大　學
電　器　保　護　與　安　全	蔡　健　藏	臺北科技大學
網　路　分　析	李祖添 杭學鳴	交　通　大　學

大學專校教材，各種考試用書。

三民科學技術叢書（四）

書　　　　　　　　　　名	著作人	任　　　　職
自　動　控　制	孫育義	成　功　大　學
自　動　控　制	李祖添	交　通　大　學
自　動　控　制	楊維楨	臺　灣　大　學
自　動　控　制	李嘉猷	成　功　大　學
工　業　電　子	陳文良	清　華　大　學
工　業　電　子　實　習	高正治	中　山　大　學
工　程　材　料	林　立	中正理工學院
材料科學（工程材料）	王櫻茂	成　功　大　學
工　程　機　械	蔡攀鰲	成　功　大　學
工　程　地　質	蔡攀鰲	成　功　大　學
工　程　數　學	羅錦興	成　功　大　學
工　程　數　學	孫育義 高正治	成　功　大　學 中　山　大　學
工　程　數　學	吳　朗	成　功　大　學
工　程　數　學	蘇炎坤	成　功　大　學
熱　力　學	林大惠 侯順雄	成　功　大　學 崑山技術學院
熱　力　學　概　論	蔡旭容	臺北科技大學
熱　工　學	馬承九	成　功　大　學
熱　處　理	張天津	臺北科技大學
熱　機　學	蔡旭容	臺北科技大學
氣　壓　控　制　與　實　習	陳憲治	成　功　大　學
汽　車　原　理	邱澄彬	成　功　大　學
機　械　工　作　法	馬承九	成　功　大　學
機　械　加　工　法	張天津	臺北科技大學
機　械　工　程　實　驗	蔡旭容	臺北科技大學
機　動　學	朱越生	前成功大學教授
機　械　材　料	陳明豐	工業技術學院
機　械　設　計	林文晃	明　志　工　專
鑽　模　與　夾　具	于敦德	臺北科技大學
鑽　模　與　夾　具	張天津	臺北科技大學
工　具　機	馬承九	成　功　大　學
內　燃　機	王仰舒	樹　德　工　專
精　密　量　具　及　機　件　檢　驗	王仰舒	樹　德　工　專
鑄　造　學	唱際寬	成　功　大　學
鑄　造　用　模　型　製　作　法	于敦德	臺北科技大學
塑　性　加　工　學	林文樹	工業技術研究院

大學專校教材，各種考試用書。

三民科學技術叢書（五）

書　　　　　名	著作人	任　　　職
塑　性　加　工　學	李榮顯	成　功　大　學
鋼　鐵　材　料	董基良	成　功　大　學
焊　接　學	董基良	成　功　大　學
電　銲　工　作　法	徐慶昌	中區職訓中心
氧乙炔銲接與切割工作法及實習	徐慶昌	中區職訓中心
原　動　力　廠	李超北	臺北科技大學
流　體　機　械	王石安	海　洋　大　學
流體機械（含流體力學）	蔡旭容	臺北科技大學
流　體　機　械	蔡旭容	臺北科技大學
靜　力　學	陳　健	成　功　大　學
流　體　力　學	王叔厚	前成功大學教授
流　體　力　學　概　論	蔡旭容	臺北科技大學
應　用　力　學	陳元方	成　功　大　學
應　用　力　學	徐迺良	成　功　大　學
應　用　力　學	朱有功	臺北科技大學
應　用　力　學　習　題　解　答	朱有功	臺北科技大學
材　料　力　學	王叔厚 陳　健	成　功　大　學
材　料　力　學	陳　健	成　功　大　學
材　料　力　學	蔡旭容	臺北科技大學
基　礎　工　程	黃景川	成　功　大　學
基　礎　工　程　學	金永斌	成　功　大　學
土　木　工　程　概　論	常正之	成　功　大　學
土　木　製　圖	顏榮記	成　功　大　學
土　木　施　工　法	顏榮記	成　功　大　學
土　木　材　料	黃忠信	成　功　大　學
土　木　材　料	黃榮吾	成　功　大　學
土　木　材　料　試　驗	蔡攀鰲	成　功　大　學
土　壤　力　學	黃景川	成　功　大　學
土　壤　力　學　實　驗	蔡攀鰲	成　功　大　學
土　壤　試　驗	莊長賢	成　功　大　學
混　凝　土	王櫻茂	成　功　大　學
混　凝　土　施　工	常正之	成　功　大　學
瀝　青　混　凝　土	蔡攀鰲	成　功　大　學
鋼　筋　混　凝　土	蘇懇憲	成　功　大　學
混　凝　土　橋　設　計	彭耀南 徐永豐	交通大學 高雄工專

大學專校教材，各種考試用書。

三民科學技術叢書（六）

書　　　　　　　　　　　名	著作人	任　　　　　　職
房　屋　結　構　設　計	彭耀南　徐永豐	交　通　大　學　高　雄　工　專
建　　築　　物　　理	江哲銘	成　功　大　學
鋼　結　構　設　計	彭耀南	交　通　大　學
結　　　構　　　學	左利時	逢　甲　大　學
結　　　構　　　學	徐德修	成　功　大　學
結　　構　　設　　計	劉新民	前成功大學教授
水　　利　　工　　程	姜承吾	前成功大學教授
給　　水　　工　　程	高肇藩	成　功　大　學
水　　文　　學　　精　　要	鄒日誠	榮　民　工　程　處
水　　質　　分　　析	江漢全	宜　蘭　農　專
空　氣　污　染　學	吳義林	成　功　大　學
固　體　廢　棄　物　處　理	張乃斌	成　功　大　學
施　　工　　管　　理	顏榮記	成　功　大　學
契　約　與　規　範	張永康	審　　計　　部
計　畫　管　制　實　習	張益三	成　功　大　學
工　　廠　　管　　理	劉漢容	成　功　大　學
工　　廠　　管　　理	魏天柱	臺北科技大學
工　　業　　管　　理	廖桂華	成　功　大　學
危　害　分　析　與　風　險　評　估	黃清賢	嘉南藥理學院
工　業　安　全（工　程）	黃清賢	嘉南藥理學院
工　業　安　全　與　管　理	黃清賢	嘉南藥理學院
工　廠　佈　置　與　物　料　運　輸	陳美仁	成　功　大　學
工　廠　佈　置　與　物　料　搬　運	林政榮	東　海　大　學
生　產　計　劃　與　管　制	郭照坤	成　功　大　學
生　　產　　實　　務	劉漢容	成　功　大　學
甘　　蔗　　營　　養	夏雨人	新　埔　工　專

大學專校教材，各種考試用書。